轨道交通装备制造业职业技能鉴定指导丛书

剪　切　工

中国北车股份有限公司　编写

中国铁道出版社

2015年·北　京

图书在版编目(CIP)数据

剪切工/中国北车股份有限公司编写．—北京：中国铁道出版社，2015.3

（轨道交通装备制造业职业技能鉴定指导丛书）

ISBN 978-7-113-19996-8

Ⅰ.①剪…　Ⅱ.①中…　Ⅲ.①冷冲压—剪切—职业技能—鉴定—自学参考资料　Ⅳ.①TG386.2

中国版本图书馆CIP数据核字(2015)第036895号

书　　名： 轨道交通装备制造业职业技能鉴定指导丛书
剪　切　工

作　　者： 中国北车股份有限公司

策　　划： 江新锡　钱士明　徐　艳

责任编辑： 曹艳芳　　**编辑部电话：** 010-51873193

封面设计： 郑春鹏

责任校对： 龚长江

责任印制： 郭向伟

出版发行： 中国铁道出版社(100054，北京市西城区右安门西街8号)

网　　址： http://www.tdpress.com

印　　刷： 北京大兴县新魏印刷厂

版　　次： 2015年3月第1版　2015年3月第1次印刷

开　　本： 787 mm×1 092 mm　1/16　印张：11.75　字数：281千

书　　号： ISBN 978-7-113-19996-8

定　　价： 37.00元

序

在党中央、国务院的正确决策和大力支持下，中国高铁事业迅猛发展。中国已成为全球高铁技术最全、集成能力最强、运营里程最长、运行速度最高的国家。高铁已成为中国外交的新名片，成为中国高端装备“走出国门”的排头兵。

中国北车作为高铁事业的积极参与者和主要推动者，在大力推动产品、技术创新的同时，始终站在人才队伍建设的重要战略高度，把高技能人才作为创新资源的重要组成部分，不断加大培养力度。广大技术工人立足本职岗位，用自己的聪明才智，为中国高铁事业的创新、发展做出了重要贡献，被李克强同志亲切地赞誉为“中国第一代高铁工人”。如今在这支近 5 万人的队伍中，持证率已超过 96%，高技能人才占比已超过 60%，3 人荣获“中华技能大奖”，24 人荣获国务院“政府特殊津贴”，44 人荣获“全国技术能手”称号。

高技能人才队伍的发展，得益于国家的政策环境，得益于企业的发展，也得益于扎实的基础工作。自 2002 年起，中国北车作为国家首批职业技能鉴定试点企业，积极开展工作，编制鉴定教材，在构建企业技能人才评价体系、推动企业高技能人才队伍建设方面取得明显成效。为适应国家职业技能鉴定工作的不断深入，以及中国高端装备制造技术的快速发展，我们又组织修订、开发了覆盖所有职业（工种）的新教材。

在这次教材修订、开发中，编者们基于对多年鉴定工作规律的认识，提出了“核心技能要素”等概念，创造性地开发了《职业技能鉴定技能操作考核框架》。该《框架》作为技能人才评价的新标尺，填补了以往鉴定实操考试中缺乏命题水平评估标准的空白，很好地统一了不同鉴定机构的鉴定标准，大大提高了职业技能鉴定的公信力，具有广泛的适用性。

相信《轨道交通装备制造业职业技能鉴定指导丛书》的出版发行，对于促进我国职业技能鉴定工作的发展，对于推动高技能人才队伍的建设，对于振兴中国高端装备制造业，必将发挥积极的作用。

中国北车股份有限公司总裁：

2015.2.7

前　　言

鉴定教材是职业技能鉴定工作的重要基础。2002 年，经原劳动保障部批准，中国北车成为国家职业技能鉴定首批试点中央企业，开始全面开展职业技能鉴定工作。2003 年，根据《国家职业标准》要求，并结合自身实际，组织开发了《职业技能鉴定指导丛书》，共涉及车工等 52 个职业（工种）的初、中、高 3 个等级。多年来，这些教材为不断提升技能人才素质、适应企业转型升级、实施“三步走”发展战略的需要发挥了重要作用。

随着企业的快速发展和国家职业技能鉴定工作的不断深入，特别是以高速动车组为代表的世界一流产品制造技术的快步发展，现有的职业技能鉴定教材在内容、标准等诸多方面，已明显不适应企业构建新型技能人才评价体系的要求。为此，公司决定修订、开发《轨道交通装备制造业职业技能鉴定指导丛书》（以下简称《丛书》）。

本《丛书》的修订、开发，始终围绕促进实现中国北车“三步走”发展战略、打造世界一流企业的目标，努力遵循“执行国家标准与体现企业实际需要相结合、继承和发展相结合、坚持质量第一、坚持岗位个性服从于职业共性”四项工作原则，以提高中国北车技术工人队伍整体素质为目的，以主要和关键技术职业为重点，依据《国家职业标准》对知识、技能的各项要求，力求通过自主开发、借鉴吸收、创新发展，进一步推动企业职业技能鉴定教材建设，确保职业技能鉴定工作更好地满足企业发展对高技能人才队伍建设工作的迫切需要。

本《丛书》修订、开发中，认真总结和梳理了过去 12 年企业鉴定工作的经验以及对鉴定工作规律的认识，本着“紧密结合企业工作实际，完整贯彻落实《国家职业标准》，切实提高职业技能鉴定工作质量”的基本理念，在技能操作考核方面提出了“核心技能要素”和“完整落实《国家职业标准》”两个概念，并探索、开发出了中国北车《职业技能鉴定技能操作考核框架》；对于暂无《国家职业标准》、又无相关行业职业标准的 40 个职业，按照国家有关《技术规程》开发了《中国北车职业标准》。经 2014 年技师、高级技师技能鉴定实作考试中 27 个职业的试用表明：该《框架》既完整反映了《国家职业标准》对理论和技能两方面的要求，又适应了企业生产和技术工人队伍建设的需要，突破了以往技能鉴定实作考核中试卷的难度与完整性评估的“瓶颈”，统一了不同产品、不同技术含量企业的鉴定标准，提高了鉴定考核的技术含量，保证了职业技能鉴定的公平性，提高了职业技能鉴定工作质量和管理水平，将成为职业技能鉴定工作、进而成为生产操作者技能素质评价的新标尺。

本《丛书》共涉及98个职业(工种),覆盖了中国北车开展职业技能鉴定的所有职业(工种)。《丛书》中每一职业(工种)又分为初、中、高3个技能等级,并按职业技能鉴定理论、技能考试的内容和形式编写。其中:理论知识部分包括知识要求练习题与答案;技能操作部分包括《技能考核框架》和《样题与分析》。本《丛书》按职业(工种)分册,并计划第一批出版74个职业(工种)。

本《丛书》在修订、开发中,仍侧重于相关理论知识和技能要求的应知应会,若要更全面、系统地掌握《国家职业标准》规定的理论与技能要求,还可参考其他相关教材。

本《丛书》在修订、开发中得到了所属企业各级领导、技术专家、技能专家和培训、鉴定工作人员的大力支持;人力资源和社会保障部职业能力建设司和职业技能鉴定中心、中国铁道出版社等有关部门也给予了热情关怀和帮助,我们在此一并表示衷心感谢。

本《丛书》之《剪切工》由齐齐哈尔轨道交通装备有限责任公司《剪切工》项目组编写。主编安秋博,副主编张妮妮;主审刘红生,副主审张忠;参编人员刘国侠、孙刚。

由于时间及水平所限,本《丛书》难免有错、漏之处,敬请读者批评指正。

中国北车职业技能鉴定教材修订、开发编审委员会

二〇一四年十二月二十二日

目　　录

剪切工(职业道德)习题

一、填 空 题

1. 职业道德是从事一定职业的人们在职业活动中应该遵循的(　　)的总和。
2. 职业化也称“专业化”,是一种(　　)的工作态度。
3. 职业技能是指从业人员从事职业劳动和完成岗位工作应具有的(　　)。
4. 社会主义职业道德的基本原则是(　　)。
5. 社会主义职业道德的核心是(　　)。
6. 加强职业道德修养要端正(　　)。
7. 强化职业道德情感有赖于从业人员对道德行为的(　　)。
8. 敬业是一切职业道德基本规范的(　　)。
9. 敬业要求强化(　　)、坚守工作岗位和提高职业技能。
10. 诚信是企业形成持久竞争力的(　　)。
11. 公道是员工和谐相处,实现(　　)的保证。
12. 遵守职业纪律是企业员工的(　　)。
13. 节约是从业人员立足企业的(　　)。
14. 合作是企业生产经营顺利实施的(　　)。
15. 奉献是从业人员实现(　　)的途径。
16. 奉献是一种(　　)的职业道德。
17. 社会主义道德建设以社会公德、(　　)、家庭美德为着力点。
18. 合作是从业人员汲取(　　)的重要手段。
19. 利用工作之便盗窃公司财产的,将依据国家法律追究(　　)。
20. 认真负责的工作态度能促进(　　)的实现。
21. 到本机关、单位自办的定点复制单位复制国家秘密载体,其准印手续,由(　　)确定。
22. 我国劳动法律规定,女职工的产假为(　　)天。
23. 合同是一个允诺或一系列允诺,违反该允诺将由法律给予救济;履行该允诺是法律所确认的(　　)。
24. 当事人就技术开发、转让、咨询或者服务订立的确立相互之间权利和义务的合同是(　　)。
25. 劳动争议调解应当遵循自愿、(　　)、公正、及时原则。
26. 工伤保险费应当由(　　)缴纳。
27.《产品质量法》所称产品是指经过加工、制作,用于(　　)的产品。
28. 生产者、销售者应当建立健全内部(　　)制度,严格实施岗位质量规范、质量责任以及相应的考核办法。

29. 产品质量应当检验合格，不得以(　　)产品冒充合格产品。

30. 国家对产品质量实行以(　　)为主要方式的监督检查制度。

31. 为从业人员配备的，使其在劳动过程中免遭或者减轻事故伤害及职业危害的个人防护装备叫做(　　)。

32. 劳动防护用品具有一定的(　　)，需定期检查或维护，经常清洁保养不得任意损坏、破坏劳防用品，使之失去原有功效。

33. 进行腐蚀品的装卸作业应该戴(　　)手套。

二、单项选择题

1. 社会主义职业道德以(　　)为基本行为准则。

(A)爱岗敬业　(B)诚实守信

(C)人人为我，我为人人　(D)社会主义荣辱观

2.《公民道德建设实施纲要》中，党中央提出了所有从业人员都应该遵循的职业道德"五个要求"是：爱岗敬业、(　　)、公事公办、服务群众、奉献社会。

(A)爱国为民　(B)自强不息　(C)修身为本　(D)诚实守信

3. 职业化管理在文化上的体现是重视标准化和(　　)。

(A)程序化　(B)规范化　(C)专业化　(D)现代化

4. 职业技能包括职业知识、职业技术和(　　)。

(A)职业语言　(B)职业动作　(C)职业能力　(D)职业思想

5. 职业道德对职业技能的提高具有(　　)作用。

(A)促进　(B)统领　(C)支撑　(D)保障

6. 市场经济环境下的职业道德应该讲法律、讲诚信、(　　)、讲公平。

(A)讲良心　(B)讲效率　(C)讲人情　(D)讲专业

7. 敬业精神是个体以明确的目标选择、忘我投入的志趣、认真负责的态度，从事职业活动时表现出的(　　)。

(A)精神状态　(B)人格魅力　(C)个人品质　(D)崇高品质

8. 下列关于爱岗敬业的说法中，你认为正确的是(　　)。

(A)市场经济鼓励人才流动，再提倡爱岗敬业已不合时宜

(B)即便在市场经济时代，也要提倡"干一行，爱一行，专一行"

(C)要做到爱岗敬业就应一辈子在岗位上无私奉献

(D)在现实中，我们不得不承认，"爱岗敬业"的观念阻碍了人们的择业自由

9. 以下不利于同事信赖关系建立的是(　　)。

(A)同事间分派系　(B)不说同事的坏话

(C)开诚布公相处　(D)彼此看重对方

10. 公道的特征不包括(　　)。

(A)公道标准的时代性　(B)公道思想的普遍性

(C)公道观念的多元性　(D)公道意识的社会性

11. 从领域上看，职业纪律包括劳动纪律、财经纪律和(　　)。

(A)行为规范　(B)工作纪律　(C)公共纪律　(D)保密纪律

12. 从层面上看,纪律的内涵在宏观上包括(　　)。

(A)行业规定、规范　(B)企业制度、要求

(C)企业守则、规程　(D)国家法律、法规

13. 以下行为不属于节约行为的是(　　)。

(A)爱护公物　(B)节约资源　(C)公私分明　(D)艰苦奋斗

14. 下列哪个选项不是合作的特征(　　)。

(A)社会性　(B)排他性　(C)互利性　(D)平等性

15. 奉献精神要求做到尽职尽责和(　　)。

(A)爱护公物　(B)节约资源　(C)艰苦奋斗　(D)尊重集体

16. 机关、(　　)是对公民进行道德教育的重要场所。

(A)家庭　(B)企事业单位　(C)学校　(D)社会

17. 职业道德涵盖了从业人员与服务对象、职业与职工、(　　)之间的关系。

(A)人与人　(B)人与社会　(C)职业与职业　(D)人与自然

18. 中国北车团队建设目标是(　　)。

(A)实力　活力　凝聚力　(B)更高　更快　更强

(C)诚信　创新　进取　(D)品牌　市场　竞争力

19. 以下体现互助协作精神的思想的是(　　)。

(A)助人为乐　(B)团结合作　(C)争先创优　(D)和谐相处

20. 对待工作岗位,正确的观点是(　　)。

(A)虽然自己并不喜爱目前的岗位,但不能不专心努力

(B)敬业就是不能得陇望蜀,不能选择其他岗位

(C)树挪死,人挪活,要通过岗位变化把本职工作做好

(D)企业遇到困难或降低薪水时,没有必要再讲爱岗敬业

21. 以下哪种思想体现了严于律己的思想(　　)。

(A)以责人之心责己　(B)以恕己之心恕人

(C)以诚相见　(D)以礼相待

22. 以下哪种法律规定了职业培训的相关要求(　　)。

(A)专利法　(B)环境保护法

(C)合同法　(D)劳动法

23. 能够认定劳动合同无效的机构是(　　)。

(A)各级人民政府　(B)工商行政管理部门

(C)各级劳动行政部门　(D)劳动争议仲裁委员会

24. 我国劳动法律规定的最低就业年龄是(　　)。

(A)18 周岁　(B)17 周岁　(C)16 周岁　(D)15 周岁

25. 我国劳动法律规定,集体协商职工一方代表在劳动合同期内,自担任代表之日起(　　)年以内,除个人严重过失外,用人单位不得与其解除劳动合同。

(A)5　(B)4　(C)3　(D)2

26. 坚持(　　),创造一个清洁、文明、适宜的工作环境,塑造良好的企业形象。

(A)文明生产 (B)清洁生产 (C)生产效率 (D)生产质量

27. 在易燃易爆场所穿( )最危险。

(A)布鞋 (B)胶鞋 (C)带钉鞋 (D)棉鞋

三、多项选择题

1. 职业道德的价值在于( )。

(A)有利于企业提高产品和服务的质量

(B)可以降低成本、提高劳动生产率和经济效益

(C)有利于协调职工之间及职工与领导之间的关系

(D)有利于企业树立良好形象,创造著名品牌

2. 对从业人员来说,下列要素属于最基本的职业道德要素的是( )。

(A)职业理想 (B)职业良心 (C)职业作风 (D)职业守则

3. 职业道德的具体功能包括( )。

(A)导向功能 (B)规范功能 (C)整合功能 (D)激励功能

4. 职业道德的基本原则是( )。

(A)体现社会主义核心价值观

(B)坚持社会主义集体主义原则

(C)体现中国特色社会主义共同理想

(D)坚持忠诚、审慎、勤勉的职业活动内在道德准则

5. 以下既是职业道德的要求,又是社会公德要求的是( )。

(A)文明礼貌 (B)勤俭节约 (C)爱国为民 (D)崇尚科学

6. 下列行为中,违背职业道德的是( )。

(A)在单位的电脑上读小说 (B)拷贝和使用免费软件

(C)用单位的电话聊天 (D)私下打开同事的电子邮箱

7. 职业化行为规范要求遵守行业或组织的行为规范包括( )。

(A)职业思想 (B)职业文化 (C)职业语言 (D)职业动作

8. 职业技能的特点包括( )。

(A)时代性 (B)专业性 (C)层次性 (D)综合性

9. 加强职业道德修养有利于( )。

(A)职业情感的强化 (B)职业生涯的拓展

(C)职业境界的提高 (D)个人成才成长

10. 职业道德主要通过( )的关系,增强企业的凝聚力。

(A)协调企业职工间 (B)调节领导与职工

(C)协调职工与企业 (D)调节企业与市场

11. 爱岗敬业的具体要求是( )。

(A)树立职业理想 (B)强化职业责任 (C)提高职业技能 (D)抓住择业机遇

12. 敬业的特征包括( )。

(A)主动 (B)务实 (C)持久 (D)乐观

13. 诚信的本质内涵是( )。

(A)智慧 (B)真实 (C)守诺 (D)信任

14. 诚信要求(　　)。

(A)尊重事实 (B)真诚不欺 (C)讲求信用 (D)信誉至上

15. 公道的要求是(　　)。

(A)平等待人 (B)公私分明 (C)坚持原则 (D)追求真理

16. 坚持办事公道,必须做到(　　)。

(A)坚持真理 (B)自我牺牲 (C)舍己为人 (D)光明磊落

17. 平等待人应树立以下哪些观念(　　)。

(A)市场面前顾客平等的观念 (B)按贡献取酬的平等观念

(C)按资排辈的固有观念 (D)按德才谋取职业的平等观念

18. 职业纪律的特征包括(　　)。

(A)社会性 (B)强制性 (C)普遍适用性 (D)变动性

19. 节约的特征包括(　　)。

(A)个体差异性 (B)时代表征性 (C)社会规定性 (D)价值差异性

20. 一个优秀的团队应该具备的合作品质包括(　　)。

(A)成员对团队强烈的归属感

(B)合作使成员相互信任,实现互利共赢

(C)团队具有强大的凝聚力

(D)合作有助于个人职业理想的实现

21. 求同存异要求做到(　　)。

(A)换位思考,理解他人 (B)胸怀宽广,学会宽容

(C)端正态度,纠正思想 (D)和谐相处,密切配合

22. 奉献的基本特征包括(　　)。

(A)非功利性 (B)功利性 (C)普遍性 (D)可为性

23. 中国北车的核心价值观是(　　)。

(A)诚信为本 (B)创新为魂 (C)崇尚行动 (D)勇于进取

24. 中国北车企业文化核心理念包括(　　)。

(A)中国北车使命 (B)中国北车愿景

(C)中国北车核心价值观 (D)中国北车团队建设目标

25. 企业文化的功能有(　　)。

(A)激励功能 (B)自律功能 (C)导向功能 (D)整合功能

26. 坚守工作岗位要做到(　　)。

(A)遵守规定 (B)坐视不理 (C)履行职责 (D)临危不退

27. 下列哪种思想或态度是不可取的(　　)。

(A)工作后不用再刻苦学习 (B)业务上难题不急于处理

(C)要不断提高思想素质 (D)要不断提高科学文化素质

28. 下列属于劳动者权利的是(　　)。

(1)平等就业的权利 (B)选择职业的权利

(C)取得劳动报酬的权利 (D)休息休假的权利

29. 下列属于劳动者义务的是(　　)。
(A)劳动者应当履行完成劳动任务义务
(B)劳动者具有提高自身职业技能的义务
(C)执行劳动安全卫生规程
(D)遵守职业道德
30. 调解劳动争议适用的依据(　　)。
(A)法律、法规、规章和相关政策
(B)依法订立的集体合同
(C)依法订立劳动合同
(D)职工(代表)大会依法制定的规章制度
31. 调解劳动争议的范围(　　)。
(A)因用人单位开除、除名、辞退职工和职工辞职、自动离职等发生的争议
(B)因执行国家有关工资、社会保险、福利、培训、劳动保护的规定发生的争议
(C)因履行劳动合同发生的争议
(D)法律、法规规定应当调解的其他劳动争议
32. 以下属于劳动关系,适用《劳动法》的规定的是(　　)。
(A)乡镇企业与其职工之间的关系
(B)某家庭与其聘用的保姆之间的关系
(C)个体老板与其雇工之间的关系
(D)国家机关与实行劳动合同制的工勤人员之间的关系
33. 根据《劳动法》规定,用人单位应当支付劳动者经济补偿金的情况有(　　)。
(A)劳动合同因合同当事人双方协商一致而由用人单位解除
(B)劳动合同因合同当事人双方约定的终止条件出现而终止
(C)劳动者在试用期间被证明不符合录用条件的
(D)劳动者不能胜任工作,经过培训或者调整工作岗位仍不能胜任工作,由用人单位解除劳动合同的
34. 承担产品质量责任的主体包括(　　)。
(A)生产者　　(B)销售者
(C)运输者　　(D)生产原料提供者
35. 在产品质量国家监督抽查中,你认为下列做法正确的是(　　)。
(A)抽查的样品在市场上随机抽取
(B)抽查的样品由产品质量监督部门与生产者共同确定
(C)抽查的样品由产品质量监督部门与销售者共同确定
(D)抽查的样品在企业的成品仓库内的待销产品中随机抽取
36. 文明生产的具体要求包括(　　)。
(A)语言文雅、行为端正、精神振奋、技术熟练
(B)相互学习、取长补短、互相支持、共同提高
(C)岗位明确、纪律严明、操作严格、现场安全
(D)优质、低耗、高效

四、判 断 题

1. 职业道德是企业文化的重要组成部分。(　　)
2. 职业活动内在的职业准则是忠诚、审慎、勤勉。(　　)
3. 职业化的核心层是职业化行为规范。(　　)
4. 职业化是新型劳动观的核心内容。(　　)
5. 职业技能是企业开展生产经营活动的前提和保证。(　　)
6. 文明礼让是做人的起码要求,也是个人道德修养境界和社会道德风貌的表现。(　　)
7. 敬业会失去工作和生活的乐趣。(　　)
8. 讲求信用包括择业信用和岗位责任信用,不包括离职信用。(　　)
9. 公道是确认员工薪酬的一项指标。(　　)
10. 职业纪律与员工个人事业成功没有必然联系。(　　)
11. 节约是从业人员事业成功的法宝。(　　)
12. 艰苦奋斗是节约的一项要求。(　　)
13. 合作是打造优秀团队的有效途径。(　　)
14. 奉献可以是本职工作之内的,也可以是职责以外的。(　　)
15. 社会主义道德建设以为人民服务为核心。(　　)
16. 集体主义是社会主义道德建设的原则。(　　)
17. 中国北车的愿景是成为轨道交通装备行业世界级企业。(　　)
18. 发生泄密事件的机关、单位,应当迅速查明被泄露的国家秘密的内容和密级、造成或者可能造成危害的范围和严重程度、事件的主要情节和有关责任者,及时采取补救措施,并报告有关保密工作部门和上级机关。(　　)
19. 数字移动电话传输的是数字信号,因此是保密的。(　　)
20. 国家秘密文件在公共场所丢失后,凡能够找回的,就不应视为泄密。(　　)
21. 企业的技术成果被确定为国家秘密技术后,企业不得擅自解密,对外提供。(　　)
22. 上级下发的绝密级国家秘密文件,确因工作需要,经本机关、单位领导批准,可以复印。(　　)
23. 合同是两个或两个以上的当事人之间为实现一定的目的,明确彼此权利和义务的协议。(　　)
24. 合同是一种民事法律行为。(　　)
25. 任何单位和个人有权对违反《产品质量法》规定的行为,向产品质量监督部门或者其他有关部门检举。(　　)
26. 适当的赌博会使员工的业余生活丰富多彩。(　　)
27. 忠于职守就是忠诚地对待自己的职业岗位。(　　)
28. 爱岗敬业是奉献精神的一种体现。(　　)
29. 严于律己宽以待人,是中华民族的传统美德。(　　)
30. 工作应认真钻研业务知识,解决遇到的难题。(　　)
31. 工作中应谦虚谨慎,戒骄戒躁。(　　)
32. 安全第一,确保质量,兼顾效率。(　　)

33. 不懂“安全操作规程”和未受过安全教育的职工，不许参加施工作业。（　　）
34. 安全生产是企业完成任务的必然要求。（　　）
35. 工作服主要起到隔热、反射和吸收等屏蔽作用。（　　）
36. 每个职工都有保守企业秘密的义务和责任。（　　）
37. “诚信为本、创新为魂、崇尚行动、勇于进取”是中国北车的核心价值观。（　　）

剪切工(职业道德)答案

一、填 空 题

1. 行为规范	2. 自律性	3. 业务素质	4. 集体主义
5. 全心全意为人民服务	6. 职业态度	7. 直接体验	8. 基础
9. 职业责任	10. 无形资产	11. 团队目标	12. 重要标准
13. 品质	14. 内在要求	15. 职业理想	16. 最高层次
17. 职业道德	18. 智慧和力量	19. 刑事责任	20. 个人价值
21. 上级主管部门	22. 90	23. 义务	24. 技术合同
25. 合法	26. 用人单位	27. 销售	28. 产品质量管理
29. 不合格	30. 抽查	31. 劳动防护用品	32. 有效期限
33. 橡胶			

二、单项选择题

1. D	2. D	3. B	4. C	5. A	6. B	7. C	8. B	9. A
10. B	11. D	12. D	13. C	14. B	15. D	16. B	17. C	18. A
19. B	20. A	21. A	22. D	23. D	24. C	25. A	26. A	27. B

三、多项选择题

1. ABCD	2. ABC	3. ABCD	4. ABD	5. ABCD	6. ACD	7. ACD
8. ABCD	9. BCD	10. ABC	11. ABC	12. ABC	13. BCD	14. ABCD
15. ABCD	16. AD	17. ABD	18. ABCD	19. BCD	20. AC	21. ABD
22. ACD	23. ABCD	24. ABCD	25. ABCD	26. ACD	27. AB	28. ABCD
29. ABCD	30. ABCD	31. ABCD	32. ACD	33. AD	34. AB	35. AD
36. ABCD						

四、判 断 题

1. √	2. √	3. ×	4. √	5. √	6. √	7. ×	8. ×	9. √
10. ×	11. √	12. √	13. √	14. √	15. √	16. √	17. √	18. √
19. ×	20. ×	21. √	22. ×	23. √	24. √	25. √	26. ×	27. √
28. √	29. √	30. √	31. √	32. √	33. √	34. √	35. √	36. √
37. √								

剪切工(初级工)习题

一、填 空 题

1.“长对正,高平齐,宽相等”表达了(　　)的关系。

2. 机械图样是按照正投影法绘制的并采用(　　)画法。

3. 观测者从上面、左面、正面三个不同角度观察同一个空间几何体而画出的图形称为(　　)。

4. 从物体的左面向右面投射所得的视图称为(　　)。

5. 将机件的某一部分向基本投影方向投影所得到的视图称为(　　)。

6. 将机件倾斜部分旋转到与某一选定的基本投影面平行后再向该投影面投影所得的视图称为(　　)。

7. 假想用剖切平面将机件的某处断开,仅画出切断面的图形,并画上剖面符号,这种图称为(　　)。

8. 表达零件结构形状、大小和技术要求的图样是(　　)。

9. 我国机械制图规定:应采用第一角画法布置六个基本视图,必要时可画出第一角画法的(　　)。

10. 图样上给定的每一个尺寸和形状、位置要求均是独立的,需要分别满足要求的原则称为(　　)。

11. 当图样上注出总体尺寸后,各位置尺寸和大小尺寸首尾相接,即是(　　)的尺寸链。

12. 通过测量得到的尺寸称为(　　)。

13. 用来确定各封闭图形与基准线之间相对位置的尺寸称为(　　)。

14. 轴线、对称线应超出轮廓线(　　)。

15. 虚线、点画线和其他线条相交,应交在(　　)。

16. 视图与局部剖视的分界线应用(　　)表示。

17. 冲压常用的Q235-A板属于(　　)。

18. 金属材料通常分为黑色金属、(　　)和特种金属材料。

19. 06Cr19Ni10属于(　　)钢。

20. 钳工常用的錾子、锉刀、锯条等手动工具,应选用(　　)制造。

21. 45钢其数字表示含碳量是(　　)。

22. 常用的碳素结构钢钢板厚度范围为(　　)。

23. 常用的纯不锈钢钢板厚度范围为(　　)。

24. 金属材料的表层裂纹称为(　　)。

25. 材料在加热、轧制和冷却过程中,在表面生成的金属氧化物称为(　　)。

26. 与成形冲件尺寸相对应的平面工序件尺寸称为(　　)。

27. 利用冲模使部分材料或工序件与另一部分材料、工序件或废料分离的一种冲压工序称为(　　)。

28. 在剪刃的作用下，板料产生(　　)、塑性变形和板料断裂，从而实现对板料的剪切。

29. 按照被剪金属的温度，剪切可以分为(　　)和冷剪。

30. 板材剪切加工必须有支撑板材的凹模和施加剪切力的(　　)。

31. 手工剪切是利用(　　)或台式剪床对材料进行剪切分离。

32. 机床剪切可分为平刃剪切、斜刃剪切、(　　)和振动剪切等类型。

33. 利用专用机床进行板料剪切，可大大节省劳动力，降低劳动强度，提高(　　)。

34. 常用于将成叠的板料铣切成带曲线边缘的坯料的机床是(　　)。

35. 摇臂铣钻床能铣切成形工件的边缘和(　　)。

36. 摇臂铣钻床的特点是生产效率(　　)，劳动强度低。

37. 火焰切割方法有割炬切割和(　　)切割两种。

38. 进行火焰切割的主要工具是(　　)。

39. 能够使材料产生(　　)的力称为剪力或剪切力。

40. 压脚压料力的(　　)是影响剪切质量的因素之一。

41. 根据板料厚度和对表面要求的不同，校平分为(　　)校平和齿形模校平两种。

42. 根据其内容不同，技术标准又可分解为：基础标准、(　　)和方法标准三方面的内容。

43. 极限偏差等于极限尺寸减(　　)所得的代数值。

44. 为保证零件的互换性，必须将零件的实际尺寸控制在允许变动的范围内，这个允许的尺寸变动量称为(　　)。

45. 剪切间隙过(　　)，将造成剪切断面不垂直，出现长大毛刺，板边出现弯曲。

46. 剪切间隙过(　　)，将造成剪切断面分层撕裂现象。

47. 圆盘剪切对板料的剪切(　　)可以不受限制。

48. 圆盘剪切下来的板料易产生(　　)。

49. 剪切很软的材料或紫铜时，剪刃角一般介于(　　)之间。

50. 斜刃剪切中，如剪刃的斜度是一定的，则剪切力是(　　)数。

51. 联合剪冲机属于(　　)设备。

52. 直刃剪板机按构造分为(　　)和喉口剪机。

53. 板料折弯剪切机：即在同一台机械上可完成剪切和(　　)两种工艺。

54. 剪板机属于(　　)机械中的一种，主要作用就是金属加工行业。

55. 剪板机剪切后应能保证被剪板料剪切面的(　　)和平行度要求，并尽量减少板材扭曲，以获得高质量的工件。

56. 剪刃长度主要是根据被剪材料的(　　)来确定。

57. 我国设计的剪板机，其标定最大剪切厚度是按所剪板料抗拉强度 σ_b 为(　　)Pa 确定的。

58. 剪板机的技术参数，表示剪板机的(　　)。

59. 圆盘剪机按照刀盘轴支承情况分(　　)和非悬臂轴式两种。

60. 型材剪切机属于(　　)凸轮式剪切机。

61. 开式剪切机，一般做成 C 型的，它根据剪刀安置方向可分为具有(　　)剪刀装置和具有横向剪刀装置两类。

62. 后托料装置是剪板机功能性辅助部件，剪切过程中对板料起支撑(　　)作用。

63. 剪板机托料装置的主要作用是消除较长板料因自重产生挠度变形而引起的(　　)误差。

64. 剪切前要调整(　　)位置，使之与所要裁条料或块料的尺寸相符。

65. 剪板机工作台前后移动式调节装置的主要优点是制造简便，主要缺点是调节麻烦，(　　)较差。

66. 在剪切时，工作台承受刀片传给的剪切力和压料机构的(　　)。

67. 在剪板机工作台上安装(　　)是为了便于进料及减轻被剪材料与工作台的摩擦。

68. 在开始剪切和剪切终了位置的压料脚，应布置得(　　)一些。

69. 压料脚下端面一般进行淬硬，有时为了避免在光洁表面留下痕迹，在压料脚下端固定(　　)或酚醛层压板。

70. 在一般小型剪板机上，常采用(　　)压料器。

71. 大中型剪板机多采用(　　)压料器。

72. 大型剪板机多采用(　　)离合器。

73. 摩擦离合器是利用(　　)传动扭矩的离合器。

74. 数控开卷校平剪切生产线具有(　　)剪切板料的功能。

75. 数控开卷校平剪切生产线可实现板材自动(　　)整齐。

76. 开卷生产线按自动化程度可分为(　　)和半自动两种。

77. 开卷校平剪切生产线可将各种卷板材料经开卷、(　　)、纵剪分条、定尺横剪成不同规格的板材。

78. 开卷线内的粗校机主要作用是对板料进行粗校平和(　　)。

79. 开卷线的上料小车主要作用是将卷料套装定位在(　　)卷筒上。

80. 纵剪线是将金属卷料裁剪成所需各种宽度的(　　)。

81. 纵剪开卷后的条料易出现(　　)而影响产品质量。

82. 纵剪线根据板厚可分为(　　)纵剪线和厚板纵剪线。

83. 移动剪的移动部分是采用直线导轨传动的，剪切部分(　　)控制。

84. 移动剪的工作效率比辊剪(　　)，比停剪高。

85. 移动剪的移动和剪切是(　　)的。

86. 按数控机床分类，数控剪床为“点位控制数控机床”是按(　　)分类的。

87. 数控机床一般由输入输出设备，计算机数控装置，伺服系统和(　　)组成。

88. 数控机床、数控装置进行“数据点的密化”称为(　　)。

89. 剪切开始时，上刀片首先接触板料，并对板料施加压力，此压力由零增加到弹性极限，使材料发生(　　)。

90. 剪切硬钢材料时可采用(　　)的间隙。

91. 调整型材剪切机刀刃间隙应调整(　　)。

92. 剪板机刀刃间隙不适当，出现间隙过大或过小时，应选择调整好刀片，并调整好下剪刃座的(　　)。

93. 剪板机在剪切既宽又厚的材料前必须进行(　　)计算，保证剪切力小于机床能力方能作业。

94. 用来测量工件表面轮廓形状和尺寸的样板是(　　)。

95. 型材剪切机通常是定尺剪切,其定位方式是(　　)定位。

96. 提高型材剪切质量,必须使在刀刃接触型材表面时,(　　)形状与型材断面形状一样。

97. 用于横向剪切运动着的板料的剪裁工作,叫做(　　)。

98. 摆式飞剪的刀架做(　　)运动,完成剪切工作,剪切质量较好。

99. 剪裁的定尺可分为板材的定尺剪裁和(　　)的定尺剪裁。

100. 在龙门剪板机上剪切时,一般都采用前挡料架定位或用(　　)定位。

101. 纵剪分条配刀前,应根据图纸要求,计算并画出配刀(　　)。

102. 纵剪装刀时应以(　　)为基准定出上、下刀轴的第一刀盘位置。

103. 剪切不同厚度及不同材料的板料时,压板弹簧的压力及刀片间隙应调整适当,防止弹簧(　　)或损伤刃口。

104. 剪切时,刀刃需要与事先划好的线对准时应使用(　　)定位装置,以保证剪切尺寸精度。

105. 待校平板料表面要(　　),不得有沙粒、油污等杂物。

106. 对于焊接拼接板材进行校平前,需将对接焊缝处(　　)。

107. 对于等离子火焰切割件进行校平前,需对(　　)等清理干净。

108. 发生卡料或者两块料重叠校平等异常情况时必须(　　)。

109. 不允许两块工件(　　)进行校平作业。

110. 角钢的变形有扭曲、弯曲、(　　)三种。

111. 角钢变形的矫正顺序是,先矫正扭曲,后矫正弯曲,最后矫正(　　)。

112. 角钢变形的手工矫正有锤击凸起处、扩展凹处和(　　)等方法。

113. 槽钢的变形有弯曲、扭曲和(　　)局部变形等。

114. 工字钢的变形形式主要是(　　),由其断面情况决定了其抵抗变形的能力较强。

115. 划线可分为(　　)和立体划线两种。

116. 划线首先要选择好划线基准,划线基准应尽量与(　　)一致,便于直接量取划线尺寸,简化换算过程。

117. 塞尺也是一种极限(　　)。

118. 为了得到表面平直度和精度较高的零件,往往在冲裁、弯曲、拉延等冲压工序后对工件进行(　　)。

119. 机床在工作前,必须认真检查防护设备是否齐全完整,不得任意拆除(　　)。

120. 压力机机械式安全保护装置是当压力机(　　)下行时,设法或强制将操作者的手推开或隔开。

121. 吊链主要有环链与(　　)。

122. 永磁吸吊器也称为起重永磁铁、永磁起重器等,分为手动型和(　　)两种。

123. 当起重永磁铁的下表面出现污物后,在(　　)状态下将其下表面清理干净后才能使用。

124. 起重永磁铁不使用时,底面应在(　　)状态,并需将其转臂用支架支起放在专用工装存放架上。

125. 横梁吊索具使用时钢板夹钳不得超过额定载荷，即：吊钳成对使用时吊点夹角为(　　)时允许起吊的最大重量。

126. 横梁吊索具要根据钢板的长宽尺寸选用不同的横吊钳。如吊运较长的铁钢板须使用带有(　　)的起重钳。

127. 卷板吊具根据卷板放置方向的不同，分为(　　)和立卷吊具。

128. 卧卷吊具主要有C型卷板吊具和(　　)卷板吊具两类。

129. 卷板吊具主要由(　　)和配重铁组成。

130. 起调节吊具平衡的作用，使吊具和被吊物的重心在一条线内的是(　　)。

131. 卧卷吊具必须有明显的载荷标识，使用时必须按(　　)使用，不允许超载使用。

132. 卧卷吊具主要受力件产生塑性变形、(　　)时应及时报废。

133. 钢丝绳起到承受载荷的作用，其性能主要由(　　)决定。

134. 吊运作业中，如果烟雾过大，视线不清，手势不明则(　　)。

135. 在国际单位制及我国法定计量单位中，平面角的单位是(　　)。

136. 法定计量单位与英制单位的换算关系为1英寸=(　　)毫米。

137. 换算 $\pi/180$ 是(　　)度。

138. 用 M 表示型材的质量；F 表示型材的面积；L 表示型材的长度；ρ 表示型材的密度，则型材的质量计算公式为(　　)。

139. 卡尺使用完毕，要(　　)，放到卡尺盒内，注意不要锈蚀或弄脏。

140. 游标卡尺不要放在(　　)附近，也不要和其他工具放在一起。

141. 游标卡尺测量工件结束后要把卡尺(　　)，否则尺身会弯曲变形。

142. 钢卷尺可分为(　　)卷尺和制动式卷尺。

143. 测量时钢卷尺(　　)对准测量起始点，施以适当拉力，直接读取测量终止点所对应的尺上刻度。

144. 测量水平距离时钢卷尺应尽量保持(　　)，否则会产生距离增长的误差。

145. 90°角尺允许制成整体式结构，但基面仍应为(　　)基面。

146. 90°角尺一般用来测量(　　)。

147. 铸铁角尺在安装和调修设备时，检验零件或部件有关表面的(　　)。

148. 设备润滑的目的是减少设备磨损，延长设备(　　)。

149. 减少摩擦、降低磨损的重要措施是(　　)。

150. 相对运动必然伴随摩擦的发生而造成不必要的(　　)损失，这种表现形式称为磨损。

151. 润滑的作用是减少磨损和摩擦、冲洗冷却和(　　)。

152. 校平机停机后应(　　)，以防电器长时间工作导致损坏。

153. 校平机的润滑主要是对(　　)的润滑。

154. 当焊缝接头通过校平机时，应及时调节上排辊(　　)。

155. 冲压工作应该严格执行(　　)操作规程。

156. 设备运行中出现异常现象应(　　)进行检查或报告。

157. 剪切设备操作者必须熟悉设备的结构和(　　)，不熟练者不准独立操作。

158. 从电网向工作机械的电动机供电的电路称为(　　)。

159. 电路某处断开,不成通路的电路称为(　　)。

160. 在质量方面指挥和控制组织的管理体系称为(　　)。

161. 环境管理体系的规范性标准是(　　)。

162. 环境管理体系来源于环境审计和(　　)这两个独立的管理手段。

163. 为企业提高职业健康安全绩效提供一个科学、有效的管理手段的是(　　)安全管理体系。

164. 为了保护合同当事人的合法权益,维护社会经济秩序,促进社会主义现代化建设,制定了(　　)。

二、单项选择题

1. 能够清晰地表达出物体的形状和大小的是(　　)。
(A)立体图　(B)平面图　(C)剖视图　(D)辅助视图

2. 零件图上表示不出零件的(　　)。
(A)形状　(B)尺寸
(C)公差　(D)与有关零件的装配关系

3. 对于机械制图上图形的画法,绝大多数用的是(　　)。
(A)轴测投影法　(B)立体图法　(C)正投影法　(D)平面视图法

4. 在机械制图中,通常所说的三视图是指(　　)。
(A)主视图、俯视图和后视图　(B)主视图、俯视图和左视图
(C)主视图、左视图和右视图　(D)主视图、左视图和后视图

5. 在机械制图中,通常所说的长对正是指(　　)。
(A)主视图的长与俯视图的长对正　(B)主视图的长与左视图的长对正
(C)主视图的长与右视图的高对正　(D)主视图的长与后视图的长对正

6. 在机械制图中,通常所说的高平齐是指主视图的高与(　　)的高平齐。
(A)俯视图　(B)左视图　(C)仰视图　(D)后视图

7. 按投影关系画在视图中位于截断处的轮廓内的剖面称为(　　)。
(A)复合剖视　(B)重合剖视　(C)旋转剖视　(D)移出剖视

8. 斜视图是机件向(　　)于任何基本投影的平面投影所得到的视图。
(A)平行　(B)不平行　(C)垂直　(D)不垂直

9. 物体的内形如果比较复杂,用基本视图不能清楚地表示出物体的层次,就可以用(　　)视图。
(A)辅助　(B)斜　(C)剖　(D)旋转

10. 在生产过程中用来指导加工和检验零件的图样称为(　　)。
(A)总装图　(B)部件图　(C)示意图　(D)零件图

11. 构成零件几何特征的点、线、面称为(　　)。
(A)基准　(B)要素　(C)符号　(D)标准

12. 对零件的尺寸规定一个允许变动范围即尺寸公差,是为了使零件具有(　　)。
(A)准确性　(B)可加工性　(C)互换性　(D)可检性

13. 图纸幅面为 297×420 的是( )图。
(A)A2 (B)A0 (C)A3 (D)A4
14. 对于 A0 和( )幅面,允许同时加长两边。
(A)A2 (B)A1 (C)A3 (D)A4
15. $1:10^n$ 比例中的 n 为( )。
(A)小数 (B)负数 (C)零 (D)正整数
16. 图样更改区的内容,按( )的顺序填写,也可以根据情况顺延。
(A)由下而上 (B)由上而下 (C)由左至右 (D)由右至左
17. 图样中的尺寸以( )为单位时,无需标注计量单位的代号或名称。
(A)m (B)cm (C) mm (D)dm
18. 图样中角度数字一律写成( )。
(A)水平方向 (B)垂直方向 (C)随角度变化 (D)没有规定
19. 尺寸线两端箭头的宽度为 b(b 为粗实线的宽度),长度约为( )。
(A)$5b$ (B)$3b$ (C)$2b$ (D)$4b$
20. 设计给定的尺寸称为( )。
(A)实际尺寸 (B)基本尺寸 (C)设计尺寸 (D)工艺尺寸
21. 画虚线时两线段之间的间距为( )mm,线段长为 4 mm。
(A)1 (B)2 (C)3 (D)4
22. 粗实线的宽度 d 在选取时优先选取( )。
(A)0.5 mm 或 0.8 mm (B)0.25 mm 或 0.7 mm
(C)0.5 mm 或 0.7 mm (D)0.5 mm 或 1 mm
23. 45 钢属于( )钢。
(A)低合金 (B)优质碳素结构 (C)合金 (D)普通碳素
24. 含碳量大于 0.6%的钢是( )。
(A)低碳钢 (B)中碳钢 (C)高碳钢 (D)特高碳钢
25. Q450NQR1 属于( )。
(A)不锈钢 (B)沸腾钢 (C)高强度耐候钢 (D)镇静钢
26. T10——表示平均含碳量为( )(质量分数)的碳素工具钢。
(A)0.1% (B)0.12% (C)1.2% (D)1.0%
27. 40Gr 钢属于( ),经热处理后可获得良好的综合机械性能。
(A)渗碳钢 (B)工具钢 (C)弹簧钢 (D)调质钢
28. T10 钢用于制作要求中韧性、高强度的( ),如冲头、凿子等。
(A)模具 (B)刀具 (C)量具 (D)卡具
29. 剪冲压用的样冲是( )钢制造的。
(A)45 (B)Q235 (C)T8 (D)W18Cr4V
30. 碳素工具钢的含碳量在( )范围内。
(A)0.1%~0.5% (B)0.5%~0.7% (C)0.7%~1.3% (D)1.5%以上
31. 便于运输,工艺性好,可以提高材料利用率的金属材料类型是( )。
(A)板料 (B)条料 (C)块料 (D)卷料

32. 冲压所用的材料表面质量应光洁、(　　)、无缺陷、无损伤。
(A)光滑　(B)整洁　(C)整齐　(D)平整
33. 冲压所用的材料,不仅要满足使用要求,还应满足冲压(　　)要求和后续加工要求。
(A)设计　(B)工艺　(C)转运　(D)操作
34. 材料的厚度应符合(　　)标准。
(A)企业　(B)省级　(C)部级　(D)国家
35. 与成形冲件相对应的平面工序件图形称为(　　)。
(A)组装图　(B)展开图　(C)平面图　(D)排样图
36. 凸模或凹模刃口小块剥落的现象称为(　　)。
(A)塌刃　(B)塌角　(C)崩刃　(D)崩角
37. 板料或卷料通过专门的剪切设备使其沿直线或曲线相互分离的一种冲压工序称为(　　)。
(A)剪切　(B)分离　(C)冲裁　(D)拉伸
38. 剪切加工是(　　)工序加工方法的一种。
(A)弯曲　(B)拉延　(C)变形　(D)分离
39. 利用带剪刃模具或设备,将板料截断的一种加工方法称为(　　)工序。
(A)剪切　(B)冲裁　(C)成形　(D)切割
40. 最简单的剪切方法是(　　)。
(A)机床剪切　(B)铣割剪切　(C)手工剪切　(D)火焰切割裁料
41. 适用于剪切精度要求不高的坯料的剪切方法是(　　)。
(A)平刃剪切　(B)振动剪切　(C)圆盘剪切　(D)斜刃剪切
42. 利用专门的大型摇臂铣床对材料进行铣切分离的剪切方法是(　　)。
(A)火焰切割　(B)铣割剪切　(C)机床剪切　(D)机械剪切
43. 从污染性、耗能量、成本比等各方面综合考虑(　　)是目前最适合用于切割的气体。
(A)乙炔　(B)丙烷　(C)液化气　(D)天然气
44. 在剪切力的计算公式中,剪切力用符号(　　)表示。
(A)Q　(B)R　(C)P　(D)S
45. 两个距离相近、大小相等、方向相反且作用于同一物体上的平行力称为(　　)。
(A)摩擦力　(B)阻力　(C)剪切力　(D)垂直压力
46. 剪切力的单位为(　　)。
(A)N　(B)Pa　(C)m/N　(D)MPa
47. 当剪切板料时压料力过大会产生(　　)现象。
(A)角度不准　(B)剪切断面不垂直　(C)工件表面压痕　(D)工件弯曲
48. 机械产品的质量是否合格是根据(　　)来判断的。
(A)图纸　(B)工艺　(C)图纸和工艺　(D)产品的质量标准
49. 最大极限尺寸减其基本尺寸所得的代数差称为(　　)。
(A)上偏差　(B)下偏差　(C)基本偏差　(D)标准偏差
50. 尺寸公差等级数越大,精度越低,冲压件一般能达到(　　)。
(A)IT8～IT14　(B)IT8～IT10　(C)IT7～IT14　(D)IT8～IT15

51. 一个垫圈的外径是 20 mm，图纸上标注的 ϕ20 的尺寸是(　　)。
(A)实际尺寸　(B)极限尺寸　(C)基本尺寸　(D)长度尺寸
52. 尺寸公差就是允许的尺寸变动量，其值为最大极限尺寸与最小极限尺寸之(　　)。
(A)差　(B)和　(C)商　(D)积
53. 允许尺寸变化的两界限值称为(　　)。
(A)偏差　(B)实际尺寸　(C)工艺尺寸　(D)极限尺寸
54. 国标规定公差与配合的有关数值均为标准温度(　　)。
(A)0 ℃　(B)＋10 ℃　(C)＋20 ℃　(D)＋28 ℃
55. 剪切角的大小与被剪切材料的(　　)有关。
(A)长度　(B)宽度　(C)厚度　(D)高度
56. 一般情况下，剪切板料厚度为 3～10 mm 时，剪切角选择在(　　)。
(A)1°～3°　(B)2°～5°　(C)1°～5°　(D)3°～5°
57. 一般情况下，剪切板料厚度为 10～35 mm 时，剪切角选择在(　　)。
(A)1°～3°　(B)2°～5°　(C)1°～5°　(D)3°～5°
58. 圆盘刃剪切相当于两个(　　)进行剪裁板料。
(A)型刃　(B)平刃　(C)斜刃　(D)圆刃
59. 用两个剪刃相互平行的刀片对板料或卷料进行分离的剪切方法称为(　　)。
(A)斜刃剪切　(B)圆盘刃剪切　(C)飞剪　(D)平刃剪切
60. 平刃剪切的剪刃角都接近于或等于(　　)。
(A)30°　(B)45°　(C)60°　(D)90°
61. 适用于剪切宽度小而厚度较大的板料或毛坯的剪切方法是(　　)。
(A)型刃剪切　(B)斜刃剪切　(C)平刃剪切　(D)圆盘剪切
62. 剪切硬的或较硬的材料时，剪刃角一般介于(　　)之间。
(A)75°～85°　(B)65°～70°　(C)65°～75°　(D)65°～85°
63. 具有冲孔、板材剪切和型材剪切三种功能的剪切机称为(　　)。
(A)冲型剪机　(B)联合冲型机　(C)型钢剪机　(D)圆盘剪机
64. 传动方式多为机械传动，多用于小型剪板机和薄板下料的剪切机是(　　)。
(A)型刃剪切　(B)斜刃剪切　(C)平刃剪切　(D)圆盘剪切
65. 剪板机工件台面高度一般为(　　)。
(A)600～750 mm　(B)750～900 mm
(C)900～1 000 mm　(D)1 000 mm 以上
66. 可同时剪切多条条料的剪机是(　　)剪机。
(A)型材　(B)飞剪　(C)振动　(D)圆盘
67. 剪切板料长度不因刀刃长度而受限制，因而能剪切长大条料的剪机是(　　)剪机。
(A)龙门　(B)飞剪　(C)振动　(D)圆盘
68. 剪板机后挡料板位置的指示机构为直接标尺的，读数精度可达(　　)mm。
(A)1　(B)0.1　(C)0.2　(D)0.01
69. 一般安装在台面的 T 形槽内，可以根据板料所要裁剪的不同坯料形状，将其安装在不同的位置的挡料板是(　　)。

(A)前挡料板　(B)后挡料板　(C)侧挡料板　(D)角形挡料板

70. 压料器结构的采用和选择,应考虑合适的(　　)。

(A)剪切力　(B)压料力　(C)剪切功　(D)剪切角

71. 常用的多数剪切机的离合器为(　　)。

(A)刚性离合器　(B)圆盘摩擦式离合器

(C)可变速离合器　(D)无级高速离合器

72. 一般中小型剪板机采用(　　)离合器。

(A)转键式　(B)圆盘摩擦式　(C)可变速　(D)无级高速

73. 纵剪开卷时,板厚小于 3 mm,直线度允许公差值为(　　)mm/m。

(A)0.1　(B)0.2　(C)0.3　(D)0.4

74. 纵剪开卷时,板厚为 3～6 mm,直线度允许公差值为(　　)mm/m。

(A)0.1　(B)0.2　(C)0.3　(D)0.4

75. 纵剪开卷时,板厚大于 6 mm,直线度允许公差值为(　　)mm/m。

(A)0.1　(B)0.2　(C)0.3　(D)0.4

76. 剪板机在剪切材料时,被剪下的料产生的变形是(　　)变形。

(A)挤压　(B)弯曲　(C)剪切　(D)拉伸

77. 剪切时,剪刃对材料施加的压力超过弹性极限,使板料发生局部的(　　)弯曲变形。

(A)挤压　(B)塑性　(C)弹性　(D)断裂

78. 剪切间隙的选取一般是按板厚的百分比选取,通常板厚在 3～10 mm 时,取 $s=$(　　)t。

(A)0.02　(B)0.03　(C)0.04　(D)0.05

79. 剪切间隙的选取一般是按板厚的百分比选取,通常板厚在 3 mm 以下时,取 $s=$(　　)t。

(A)0.03　(B)0.04　(C)0.05　(D)0.06

80. 剪切机规定的加工材料厚度一般是按所加工材料(　　)设计的。

(A)$\sigma_b>500\times10^4$ Pa　(B)$\sigma_b>500\times10^5$ Pa

(C)$\sigma_b>500\times10^6$ Pa　(D)$\sigma_b>500\times10^7$ Pa

81. 用来测量工件校对尺寸、形状的高精度样板是(　　)。

(A)测量样板　(B)校对样板　(C)剪切样板　(D)尺寸样板

82. 样板是(　　)量具。

(A)专用　(B)通用　(C)万能　(D)标准

83. 用于复杂工件或批量生产的工件在划线时作为依据的样板是(　　)。

(A)标准样板　(B)校对样板　(C)测量样板　(D)划线样板

84. 型材剪切机间隙的选取由于型材各部分厚度不一致,因此剪切间隙不能按板厚的百分比来考虑,通常取(　　)。

(A)0.05～0.1 mm　(B)0.1～0.5 mm

(C)0.5～1.0 mm　(D)1.0～2.0 mm

85. 型材剪机可分为型材剪切机和联合剪切机,这两种型材剪机的刀架倾斜度一般取(　　)。

(A)35°　(B)45°　(C)55°　(D)65°

86. 一般应用在剪切厚度较大的钢板或钢坯的飞剪形式是(　　)。

(A)圆盘式飞剪　(B)双滚筒式飞剪

(C)曲柄回转式飞剪　(D)摆式飞剪

87. 纵剪生产线在换刀时要检查刀片的(　　)是否一致。

(A)重量　(B)型号　(C)直径　(D)锋利程度

88. 一般情况下,纵剪生产线纵刀上、下轴的刀片直径差不多大于(　　)mm。

(A)1.0　(B)1.5　(C)2.0　(D)2.5

89. 一般情况下,纵剪生产线下刀轴装刀时,应以上刀轴的(　　)刀盘为基准。

(A)第一把　(B)第二把　(C)第三把　(D)第四把

90. 纵剪生产线上下刀盘的重合量,一般为带钢厚度的(　　)左右。

(A)1/2　(B)1/3　(C)1/4　(D)1 倍

91. 使用剪板机时,所裁板料(　　)不应超过剪板机所规定的范围。

(A)长度　(B)斜度　(C)厚度　(D)质量

92. 剪板机剪切窄条料时要采用(　　)定位方法。

(A)前挡　(B)后挡　(C)灯光　(D)步进电机

93. 校平机校平板料时,一般情况下出口值(　　)板料的厚度。

(A)大于　(B)小于　(C)等于　(D)不大于

94. 薄钢板不平,火焰矫正的加热方式采用(　　)。

(A)点状加热　(B)线状加热　(C)三角形加热　(D)混合加热

95. 检查剪机刀刃间隙用(　　)检查。

(A)钢卷尺　(B)钢板尺　(C)游标卡尺　(D)塞尺

96. 测量两个结合面之间的间隙大小时用(　　)。

(A)长钳　(B)直尺　(C)游标卡尺　(D)塞尺

97. 起吊钢板厚度是指吊钳安全起吊钢板的厚度范围,吊钳的实际开口度与钢板的厚度的关系是(　　)。

(A)大于　(B)小于　(C)等于　(D)无关

98. 吊环磨损、腐蚀达到原尺寸的(　　)时必须报废并及时更换。

(A)5%　(B)10%　(C)15%　(D)20%

99. 卧卷吊具经常受磨损危险断面,磨损减少达原来的(　　)时必须报废并及时更换。

(A)5%　(B)10%　(C)15%　(D)20%

100. 卧卷吊具的吊耳、吊轴磨损减少达到原来(　　)时必须报废并及时更换。

(A)5%　(B)10%　(C)15%　(D)20%

101. 使用(　　)应检查钢丝绳是否有磨损、断丝。

(A)前　(B)中　(C)后　(D)时

102. 用钢丝绳捆绑物件时要注意物件的(　　)位置,以免起吊时偏重。

(A)中心　(B)中间　(C)起吊　(D)重心

103. 在不同的工作(　　)中应选用不同性质的钢丝绳。

(A)场地　(B)环境　(C)气候　(D)温度

104. 起重所使用的钢丝绳均应严格按照出厂证明文件标注的(　　)、性能使用。

(A)型号　(B)日期　(C)等级　(D)规格

105. 未经(　　)或试验不合格的钢丝绳不得使用。

(A)检验　(B)实验　(C)试验　(D)包装

106. 产生锐角折曲及被压、被夹、被砸而成扁平状的钢丝绳不得(　　)。

(A)生产　(B)使用　(C)分类　(D)检验

107. 在天车起重前的检查中，要求吊运的物体重量与天车的起重量关系是(　　)。

(A)前者大于后者　(B)前者小于或等于后者

(C)前者可略大于后者　(D)前者是后者的两倍

108. 用天车起吊物体时，要掌握好物体的(　　)，捆扎要牢固。

(A)中心　(B)垂心　(C)形心　(D)重心

109. 用天车吊运物体时，吊运前应先(　　)，当确认物体挂牢，物体稳定后，才能正式起吊。

(A)试吊　(B)快速试车　(C)检查天车　(D)请示领导

110. 长度的基本单位是(　　)。

(A)cm　(B)m　(C) mm　(D)km

111. 质量的基本单位是(　　)。

(A)g　(B)mg　(C)kg　(D)t

112. 常用的国际基本单位是(　　)。

(A)m,kg,s,A,K,mol,cd　(B) mm,kg,s,A,T,mol,cd

(C)cm,kg,s,A,K,mol,cd　(D)km,kg,s,A,K,mol,cd

113. 1 mm^3=(　　)m^3。

(A)10^{-2}　(B)10^{-3}　(C)10^{-6}　(D)10^{-9}

114. 1 t=(　　)kg。

(A)1　(B)100　(C)1 000　(D)10 000

115. 1 μm 是(　　) mm。

(A)0.1　(B)0.01　(C)0.001　(D)0.000 1

116. 1 cm 是(　　)m。

(A)0.1　(B)0.01　(C)0.001　(D)0.000 1

117. 半径为 R 的圆，其面积 S=(　　)。

(A)πR　(B)πR^2　(C)πR^3　(D)$2\pi R$

118. 一个梯形上底与下底的和是 15 cm，高是 8.8 cm，面积是(　　)cm^2。

(A)132　(B)66　(C)130　(D)65

119. 底为 a，高为 h 的三角形面积 S=(　　)。

(A)ah　(B)$\frac{1}{2}ah$　(C)$2ah$　(D)$\frac{1}{4}ah$

120. 在计算碳钢板重量时，其密度 ρ 取(　　)g/cm^3。

(A)0.785　(B)7.85　(C)78.5　(D)785

121. 在计算厚度为 3 mm 的花纹板重量时，其密度 ρ 取(　　)g/cm^3。

(A)25.6 (B)34 (C)21.6 (D)29.5

122. 游标卡尺适用于(　　)精度的测量。

(A)低等 (B)中等 (C)高等 (D)都可以

123. 游标卡尺测量值的单位是(　　)。

(A) mm (B)cm (C)dm (D)m

124. 游标卡尺由(　　)部分组成。

(A)一 (B)两 (C)三 (D)四

125. 游标卡尺的读数分整数和小数两部分，其整数部分在(　　)上读。

(A)直尺 (B)副尺 (C)主尺 (D)米尺

126. 精度为 0.02 mm 的游标卡尺，副尺上的刻度是把 49 mm 的长度等分为(　　)格。

(A)30 (B)40 (C)50 (D)60

127. 精度为 0.02 mm 的游标卡尺，主尺上一小格与副尺上一小格的差为(　　)mm。

(A)0.01 (B)0.02 (C)0.05 (D)1

128. 精度为 0.02 mm 的游标卡尺，主、副尺在第五格相差(　　)mm。

(A)0.1 (B)0.2 (C)0.3 (D)0.5

129. 测量时对游标卡尺与被测件的接触力的要求是(　　)。

(A)大些 (B)小些 (C)适当 (D)紧压

130. 测量时对游标卡尺与被测件的松紧度的要求是(　　)。

(A)松些 (B)紧些 (C)适中 (D)紧压

131. 用游标卡尺测量，在读数时，视线尽可能与所读刻线(　　)。

(A)正对 (B)成左斜视 (C)成右斜视 (D)成 45°

132. 钢板尺的最小刻度为(　　)mm。

(A)0.01 (B)0.1 (C)0.5 (D)1

133. 测量直线度用(　　)。

(A)千分尺 (B)直尺 (C)卷尺 (D)游标卡尺

134. 剪板机进行(　　)保养时主要是以操作工人为主，维修工人配合。

(A)一级 (B)二级 (C)三级 (D)四级

135. 剪板机一级保养的时间是在机床运行(　　)h 时进行。

(A)400 (B)500 (C)600 (D)700

136. 校平机有黄油嘴的地方，(　　)加一次黄油。

(A)一周 (B)半个月 (C)一个月 (D)两个月

137. 磨削工件时操作者应和砂轮成(　　)站立。

(A)0° (B)15° (C)30° (D)45°

138. 安装法兰盘内孔应大于轴径(　　)mm，并以法兰盘外缘 5 mm 一圈(其直径必须超过砂轮半径)与砂轮接触为宜。

(A)0.1 (B)0.2 (C)0.3 (D)0.4

139. 购进砂轮时必须检查出厂标志、材质硬度及组织好坏，并要进行(　　)试验。

(A)弯曲 (B)拉伸 (C)强度 (D)破坏性

140. 发现有人触电，应立即(　　)。

(A)抢救　(B)切断电源　(C)拨打 110　(D)拨打 120

141. 触电者脱离电源后,若触电者呼吸困难或停止呼吸时,应立即进行(　　),或心脏按压,并送医院抢救。

(A)抢救　(B)报警　(C)找急救车　(D)人工呼吸

142. 触电者脱离电源后,要防止(　　)。

(A)摔伤　(B)再触电　(C)溃疡　(D)烫伤

143. 机床工作灯常用的电压是(　　)V。

(A)12　(B)24　(C)36　(D)48

144. 通过人体的电流强度达到(　　)A 以上时心脏会停止跳动,可能导致死亡。

(A)0.1　(B)0.2　(C)0.5　(D)0.4

145. 当人体接触常用的(　　)V 或更高电压时,就会产生大于致命的电流。

(A)110　(B)380　(C)36　(D)220

146. 我国规定,安全电压等级分为(　　)V、36 V、24 V、12 V、6 V。

(A)48　(B)42　(C)45　(D)40

147. 电流的(　　)为正电荷流动的方向。

(A)大小　(B)方向　(C)电荷　(D)电量

148. 我国电网供给的交流电频率为(　　)Hz。

(A)45　(B)48　(C)55　(D)50

149. 电流方向不随时间变化的是(　　)。

(A)直流电　(B)交流电　(C)高压电　(D)超高压电

150. 精益生产管理系统相关资源包括(　　)。

(A)人、机　(B)人、机、物

(C)人、物、资金　(D)人、机、料、法、环

151. 实现 JIT 生产的主要工具是(　　)。

(A)班组看板　(B)现场目视化　(C)车间看板　(D)生产和物流看板

152. 质量管理重点是把"产品质量管理"转到"(　　)质量管理"。

(A)工序　(B)现场　(C)售后　(D)材料

153. 质量管理一切以预防为主,检查重点是把"事后(　　)"转到"事先控制"。

(A)总结　(B)检查　(C)评比　(D)把关

154. 质量管理一切以科学的(　　)或事实为依据,一切按 PDCA 循环办事,广泛采用科学的管理方法。

(A)态度　(B)数据　(C)观点　(D)思想

155. 环境方针(　　)。

(A)可以调整　(B)不能变动　(C)不可以调整　(D)固定不变

156. 职业健康安全管理方案和(　　)通常是用来控制不可容许风险的。

(A)文件　(B)目标　(C)法规　(D)方针

157. 合同当事人的(　　)地位平等,一方不得将自己的意志强加给另一方。

(A)社会　(B)公共　(C)法律　(D)行政

158. 合同也称为(　　)。

(A)契约 (B)协议 (C)备忘录 (D)法律程序

三、多项选择题

1. 下列视图不是由物体的前面向后面投影所得到的是(　　)。

(A)俯视图 (B)主视图 (C)左视图 (D)右视图

2. 下列视图属于辅助视图的是(　　)。

(A)斜视图 (B)旋转视图 (C)局部视图 (D)左视图

3. 主视图的选择,通常是从(　　)考虑。

(A)零件的形状特征 (B)零件的加工位置

(C)零件在部件中的位置 (D)是否美观

4. 不能确定公差带大小的是(　　)。

(A)标准公差 (B)基本偏差 (C)基本尺寸 (D)极限尺寸

5. 以下属于国标规定的机械制图可用缩小比例的是(　　)。

(A)1∶5.5 (B)1∶5 (C)1∶2 (D)1∶1.5

6. 机械制图是用图样确切的表示机械的(　　)。

(A)工作原理 (B)结构形状 (C)尺寸大小 (D)技术要求

7. 标注尺寸要便于(　　)。

(A)加工 (B)画图 (C)测量 (D)安装

8. 尺寸标注的要素有(　　)。

(A)尺寸数字 (B)尺寸线 (C)尺寸数值 (D)尺寸界限

9. 基本线条的画法包括(　　)。

(A)平行线 (B)垂直线

(C)角度线 (D)等分圆周和圆弧

10. 按钢中合金元素含量多少可以将合金钢分为(　　)。

(A)低合金钢 (B)中合金钢 (C)高合金钢 (D)纯合金钢

11. 碳素钢分为(　　)。

(A)普通碳素钢 (B)中级碳素钢 (C)优质碳素钢 (D)高级碳素钢

12. 金属材料按照形状可分为(　　)。

(A)板材 (B)管材 (C)型材 (D)线材

13. 下列不是碳素工具钢的是(　　)。

(A)Q235 (B)45 (C)T8 (D)Cr12MoV

14. 根据冶炼时脱氧程度的不同,钢材可以分为(　　)。

(A)沸腾钢 (B)碳素结构钢 (C)碳素工具钢 (D)镇静钢

15. 下列牌号中属于铝合金的是(　　)。

(A)5A03 (B)H08A (C)5083 (D)5A02

16. 下列牌号中属于不锈钢的是(　　)。

(A)T4003 (B)JFE410 (C)06Cr10Ni10 (D)Q345

17. 下列关于钢材 Q450 的说法正确的是(　　)。

(A)抗拉强度约为 450 MPa (B)屈服极限约为 450 MPa

(C)是低合金高强度钢　(D)是碳素工具钢

18. Cr12MoV 钢用于(　　)的冷弯变形模具的制造。

(A)重负荷　(B)高耐磨性　(C)高淬透性　(D)变形量小

19. 下列特性中属于 T4003 不锈钢特点的是(　　)。

(A)焊接性良好　(B)不适合恶劣的腐蚀环境

(C)折弯性能良好　(D)有磁性

20. 耐候钢主要用于(　　)等长期暴露在大气中使用的钢结构。

(A)铁道　(B)车辆　(C)桥梁石　(D)塔架

21. 下列关于钢的说法错误的是(　　)。

(A)碳素钢不含有其他合金元素

(B)中碳钢的含碳量为 0.6%～1.7%

(C)中碳钢大量用于制造各种机械零件

(D)钢的主要成分是碳

22. 属于金属表面质量检验的内容的是(　　)。

(A)镰刀弯　(B)结疤　(C)粘结　(D)皮下气泡

23. 金属表面质量检验主要是对材料(　　)的检验。

(A)外观　(B)形状　(C)厚度　(D)表面缺陷

24. 下列属于冲裁工序的是(　　)。

(A)切断　(B)弯曲　(C)落料　(D)拉深

25. 成形工序包括(　　)。

(A)弯曲　(B)翻边　(C)胀形　(D)拉深

26. 剪切工序用来加工(　　)。

(A)成品　(B)半成品　(C)毛坯　(D)废品

27. 剪裁是对(　　)所要求的尺寸或线条进行机械分离的工序。

(A)板材　(B)型材　(C)线材　(D)管材

28. 由于生产类型与剪切坯料的几何形状和尺寸不同,剪切可分为(　　)几种不同的方法。

(A)手工剪切　(B)机床剪切　(C)铣割切料　(D)火焰切割裁料

29. 剪切根据被剪金属的切断方向分为(　　)。

(A)横剪　(B)纵剪　(C)左剪　(D)右剪

30. 手工剪切主要适用于(　　)的单件加工。

(A)小批量　(B)大批量　(C)数量不大　(D)数量较大

31. 以下属于剪切机床的是(　　)。

(A)冲孔裁板机　(B)联合剪机　(C)锯床　(D)圆盘滚剪机

32. 火焰切割常用的气体有(　　)。

(A)乙炔　(B)天然气　(C)氮气　(D)液化气

33. 影响火焰切割质量的因素有(　　)。

(A)氧气的纯度　(B)切割速度　(C)金属含有杂质　(D)燃气纯度

34. 以下是因为压料力不足而产生的是(　　)。

(A)工件表面压痕 (B)剪切边不垂直 (C)尺寸变小 (D)长大毛刺

35. 完整的产品质量标准包括(　　)两个方面。

(A)技术标准 (B)基础标准 (C)管理标准 (D)方法标准

36. 属于我国技术标准的是(　　)。

(A)国家标准 (B)行业标准 (C)企业标准 (D)私人标准

37. 下列属于工作质量内容的是(　　)。

(A)工时消耗定额 (B)安全生产的有关规定

(C)工件合格率的指标 (D)工艺方法

38. 国标 GB 1800.1—2009 将确定尺寸精度的标准公差等级分为 20 级，以下不是标准公差等级的是(　　)。

(A)IT01 (B)IT0 (C)IT02 (D)IT03

39. 下列尺寸公差精度等级关系正确的是(　　)。

(A)IT1 高于 IT2 (B)IT1 高于 IT01

(C)IT1 等于 IT01 (D)IT01 高于 IT1

40. 剪切间隙与被剪板料的(　　)有关。

(A)材质 (B)长度 (C)宽度 (D)厚度

41. 剪板机根据操作方式可分为(　　)。

(A)龙门剪板机 (B)普通剪板机 (C)数控剪板机 (D)圆盘剪板机

42. 剪板机按剪刃形式分类有(　　)。

(A)直刃剪机 (B)机械剪机 (C)型刃剪机 (D)圆盘剪机

43. 剪切次数可以分为(　　)。

(A)理论剪切次数 (B)临界剪切次数

(C)饱和剪切次数 (D)实际剪切次数

44. 厚板、窄条料，弯曲、扭曲的大小与(　　)无关。

(A)剪板机行程次数 (B)剪板机刀刃斜度

(C)刀刃的锋利程度 (D)压紧装置压力大小

45. 圆盘剪机按照刀片的数量可分为(　　)。

(A)单盘刀式 (B)双盘刀式 (C)多盘刀式 (D)无盘刀式

46. 型材剪切机根据构造上的特征可分为(　　)。

(A)开式 (B)摆动式 (C)闭式 (D)联合

47. 碎边机按其形式可分为(　　)。

(A)开式 (B)摆动式 (C)单滚筒式 (D)闸式

48. 剪板机挡料板的形式有(　　)。

(A)前挡料板 (B)后挡料板

(C)侧挡料板 (D)专用角形挡料板

49. 控制剪切不同宽度、长短的条料及块料的挡料板是(　　)。

(A)前挡料板 (B)后挡料板

(C)侧挡料板 (D)专用角形挡料板

50. 剪板机上的压料器有(　　)。

(A)数控式　(B)机械式　(C)气压式　(D)液压式

51. 液压压料器由(　　)组成。

(A)压料梁　(B)杠杆　(C)压料脚　(D)泵

52. 液压式压料器的特点有(　　)。

(A)无杂音　(B)噪声小

(C)压紧力均匀　(D)压紧力不宜调整

53. 机械压料器由(　　)和凸轮组成。

(A)压料梁　(B)杠杆　(C)压料脚　(D)弹簧

54. 开卷校平剪切生产线可用于将(　　)等开卷校平剪切成各种规格的定尺板材。

(A)冷轧钢卷板　(B)热轧卷板　(C)不锈钢卷板　(D)镀锌钢卷板

55. 开卷机根据支撑卷料方式可分为(　　)。

(A)单端支撑式　(B)双端支撑式　(C)多端支撑式　(D)传动辊支撑式

56. 开卷线的生产效率与(　　)有关。

(A)开卷机转速　(B)连续剪切次数　(C)校平机线速度　(D)开卷宽度

57. 横剪机又可以称为(　　)。

(A)横剪线　(B)开平机　(C)开平线　(D)横剪机组

58. 横剪机根据其速度可分为(　　)。

(A)停剪　(B)低速剪　(C)高速剪　(D)飞剪

59. 剪切过程分为(　　)阶段。

(A)弹性变形　(B)弯曲变形　(C)塑性变形　(D)断裂阶段

60. 飞剪的类型较多,应用较广泛的有(　　)。

(A)圆盘式飞剪　(B)双滚筒式飞剪

(C)曲柄回转式飞剪　(D)摆式飞剪

61. 剪板机的定位方式有(　　)。

(A)前挡式　(B)后挡式　(C)灯光式　(D)侧挡式

62. 划线的基本要求是线条清晰匀称,(　　)尺寸准确。

(A)定形　(B)定量　(C)定位　(D)定尺

63. 机械矫正分为(　　)等类型。

(A)拉伸机矫正　(B)压力机矫正

(C)盘式机械矫正　(D)辊式机械矫正

64. 辊式机械矫正常用的设备有(　　)。

(A)多辊板材矫正机　(B)多辊角钢矫正机

(C)矫直切断机　(D)斜辊矫正机

65. 模具防护罩或防护板的形式很多,主要有(　　)。

(A)固定式　(B)活动式　(C)折叠式　(D)弹簧式

66. 吊具主要有(　　)。

(A)链式吊具　(B)钳式吊具　(C)辊式吊具　(D)起重吸盘

67. 起重吸盘可以分为(　　)。

(A)电磁吸盘　(B)液压吸盘　(C)真空吸盘　(D)气动吸盘

68. 链式吊具由( )等附件组成,是一种金属吊具。
(A)吊链 (B)吊环 (C)吊钩 (D)吊带
69. 使用横梁吊具吊装前必须检查钢板的( )是否与横钳匹配。
(A)重量 (B)厚度 (C)材质 (D)密度
70. 吊装带的种类很多,常规吊装带按外观可分为( )。
(A)环形穿芯吊装带 (B)环形扁平吊装带
(C)双眼穿芯吊装带 (D)双眼扁平吊装带
71. 吊装带按使用方式分为( )。
(A)防腐吊带 (B)牵引带 (C)扁吊索 (D)起重吊装带
72. 吊装带按类型可分为( )。
(A)单层吊装带 (B)双层吊装带 (C)三层吊装带 (D)四层吊装带
73. 吊装带常用的制作材料有( )。
(A)涤纶 (B)丙纶 (C)绵纶 (D)合成纤维
74. 绳芯的主要作用是( ),提高钢丝绳的使用寿命。
(A)增加弹性和韧性 (B)润滑钢丝 (C)减轻摩擦 (D)增加拉力
75. 常用绳芯类型包括( )。
(A)有机纤维 (B)合成纤维 (C)石棉芯 (D)软金属
76. 钢丝绳按拧绕的层次可分为( )。
(A)单绕绳 (B)双绕绳 (C)三绕绳 (D)四绕绳
77. 以下属于起重吊运指挥信号的是( )。
(A)手势信号 (B)旗语信号 (C)音响信号 (D)喊话信号
78. 以下属于英制单位的是( )。
(A)英分 (B)英寸 (C)英尺 (D)英里
79. 关于英制单位换算关系表示不正确的是( )。
(A)1 英尺=10 英寸 (B)1 英尺=12 英寸
(C)3 英尺=1 码 (D)4 英尺=1 码
80. 游标卡尺可用于测量( )。
(A)外径 (B)外螺纹 (C)内径 (D)槽深
81. 游标卡尺( )与主尺是制成一体的。
(A)外径固定卡脚 (B)内径固定卡脚
(C)外径活动卡脚 (D)内径活动卡脚
82. 钢直尺是最简单的长度量具,它的常用长度有( )mm。
(A)150 (B)300 (C)500 (D)1 000
83. 直角尺又称 90°角尺,用来检测工件( )。
(A)直角 (B)垂直度 (C)平行度 (D)平面度
84. 剪板机每次开机前按润滑图表要求( )加润滑油,油应清洁无沉淀。
(A)定时 (B)定点 (C)定量 (D)定岗
85. 剪板机传动部分的保养主要包括( )。
(A)传动皮带 (B)制动机 (C)压料机构 (D)齿轮

86. 使用砂轮机磨削工件时不安全的作业行为是(　　)进行磨削。
(A)站在砂轮侧面　　(B)正对砂轮的圆周面
(C)2 人共同使用一个砂轮　　(D)利用砂轮的侧面
87. 按照人体呈现的状态,可以将触电电流分为(　　)。
(A)感知电流　　(B)安全电流　　(C)摆脱电流　　(D)致命电流
88. 按照人体触及带电体的方式和电流流过人体的途径,触电可分为(　　)。
(A)单相触电　　(B)直接接触触电　　(C)跨步电压触电　　(D)两项触电
89. 电流对人体的伤害有(　　)。
(A)电击　　(B)电伤　　(C)灼伤　　(D)中毒
90. 质量管理体系的设计和建立,应结合组织的(　　)。
(A)质量目标　　(B)产品类别　　(C)过程特点　　(D)实践经验
91. 环境管理体系的原则要素有(　　)。
(A)承诺和方针　　(B)规划和实施　　(C)测量和评价　　(D)评审和改进
92. 职业健康安全管理体系强调(　　)。
(A)预防为主　　(B)持续改进　　(C)静态管理　　(D)动态管理
93. 合法原则与(　　)是签订合同的原则。
(A)计划原则　　(B)平等互利　　(C)协商一致　　(D)等价有偿

四、判 断 题

1. 图样是由三个面表达出来的,这三个面表达的每个面形状称为视图。(　　)
2. 一个物体可有六个基本投影方向。(　　)
3. 当被剖部分图形面积较大时,可以只沿轮廓的周边画出剖面符号。(　　)
4. 在机械制图中,所说的宽相等是指主视图的宽与俯视图的宽相等。(　　)
5. 一个视图只能反映物体的一个方位的形状,不能完整反映物体的结构形状。(　　)
6. 用剖切面局部地剖开机件所得的剖视图称为局部剖视图。(　　)
7. 斜视图也可以转平,但必须在斜视图的上方注明"X 向旋转"。(　　)
8. 画局部视图,要在局部视图上方标出视图名称"X 向",在相应的视图附近用箭头指明投影方向,并注上同样的字母。(　　)
9. 一个零件到底用几个视图表示,首先要保证充分表达零件的结构形状,而且选用的视图越多越好。(　　)
10. 公差等于最大极限尺寸与最小极限尺寸代数差的绝对值。(　　)
11. 机械制图中的比例是图样中机件要素的线性尺寸与实际机件相应要素的线性尺寸之比。(　　)
12. 图样中角度数字随角度变化书写。(　　)
13. 在同一幅图中,同类图线的宽度应基本一致,图线的颜色深浅应基本一致。(　　)
14. 机件的真实大小应以图样上所注尺寸数值为依据,与图形的大小及画图的准确度无关。(　　)
15. 标注尺寸时,允许出现封闭尺寸。(　　)
16. 线性尺寸的数字一般应注写在尺寸线的上方。(　　)

17. 在工件图中 ϕ 是圆的直径符号。(　　)

18. 在工件图中代表不去除材料。(　　)

19. 表示是用去除材料方法获得。(　　)

20. 含碳量小于0.35%的钢为低碳钢。(　　)

21. 合金含量为5%~10%的钢是中合金钢。(　　)

22. 在铁-碳状态图上的含碳量为1.7%~6.67%(质量分数)的Fe-C合金统称为铸铁。(　　)

23. Q235中的235表示屈服强度为235 MPa。(　　)

24. Q450NQR1高强度耐候钢是钢铁公司为满足铁路货车高速、重载需要新研制的新型耐候钢,特点是高磷、强度高及低温冲击韧性高。(　　)

25. T4003不锈钢为铁素体不锈钢,是TCS345的改正型钢种,主要应用于火车车体。(　　)

26. 高碳钢是含碳量大于2.11%的铁碳合金。(　　)

27. 铸铁中的碳大部分以片状石墨形式存在,称为白口铸铁。(　　)

28. 高速工具钢钢板的厚度一般在1.0~8.0 mm。(　　)

29. 表面质量好的材料,冲压时不易破裂,不易损伤模具,制件表面质量也好。(　　)

30. 弯曲是指在钢板或带材的长度及宽度方向同时出现高低起伏的波浪现象。(　　)

31. 工件是已完成工艺文件规定的各道工序的冲件。(　　)

32. 毛坯是指经过冲压的,用于多次冲压的原材料。(　　)

33. 剪切的受力特点是:作用在构件两侧面上的外力合力大小相等、方向相同且作用线距离很近。(　　)

34. 剪切变形特点是:构件沿两力作用线之间的某一截面产生相对错动或错动趋势。(　　)

35. 纵剪用在钢板生产时切去轧件的不规则侧边,或将宽带卷(或宽板)切成若干个窄带卷(或窄板)。(　　)

36. 剪切加工的生产效率高,适用于大批量生产相同形状和尺寸的产品。(　　)

37. 手工剪切的优点是不需要专用的剪切设备,工作方便,劳动强度低,但生产效率极低。(　　)

38. 机床剪切是利用专用的机床剪切板料及卷料,是目前最普遍采用的方法。(　　)

39. 机床剪切所剪得的坯料轮廓可以是直线、曲线,但不可以是曲线与直线相互连接的坯料。(　　)

40. 铣割剪切备料方法主要适用于飞机、汽车及拖拉机制造厂中的备料作业。(　　)

41. 在火焰切割中氧气的纯度对切割质量没有影响。(　　)

42. 火焰切割主要是利用火焰对材料进行加热熔化分离的备料方法。(　　)

43. 在实际生产中,剪板机上下刃口间隙的波动、刃口的磨损变钝及材料厚度和强度的不均等现象,会使剪切力减小。(　　)

44. 板料在剪切过程中应始终被压紧在工作台面上,使板料不会因产生位移而使板边的尺寸偏差增大所产生的力为剪切力。(　　)

45. 剪切板料时如果压脚压料力不足会使所剪切出的板料尺寸变小。(　　)

46. 校平是将不平的坯料或制件,放在两块平滑的或带有齿形刻纹的平模板之间加压,使不平整的制件反向弯曲变形,从而得到平直度较高的零件的加工方法。(　　)

47. 校平常在冲裁后进行,以消除冲裁过程造成的不平直现象。(　　)

48. 校平不属于成形工序的一种。(　　)

49. 国家标准的代号为JB。(　　)

50. 在基本尺寸相同的情况下,尺寸公差愈小,则尺寸精度愈低。(　　)

51. 尺寸公差是一个没有符号的绝对值。(　　)

52. 靠近零线的那个偏差称为标准公差。(　　)

53. 对基本尺寸相同的零件,可按其公差大小来评定其尺寸精度的高低。(　　)

54. 剪切间隙指剪板机上、下刀刃间的距离。(　　)

55. 在板料剪切的过程中,剪切间隙与被剪板料的材质和厚度无关。(　　)

56. 剪切角即剪刃倾角,是指上剪刃与下剪刃形成的角度。(　　)

57. 剪切角可以减少剪切力,并使剪切工作缓和,但为了防止板料从剪刃中滑出或过分弯曲,其最大值不宜超过12°,一般应小于9°。(　　)

58. 圆盘剪切可以剪裁出曲线边缘的工件。(　　)

59. 平刃剪切的剪裁力比较大,同时受侧边压力。(　　)

60. 斜刃剪切由于倾斜角的存在,上剪刃有侧向压力,使剪切的板料向下弯曲。(　　)

61. 斜刃剪切一般只用于剪裁薄而宽的条料。(　　)

62. 剪切设备主要用于常温下剪切板料。(　　)

63. 剪切设备按剪刃形式可分为:直刃剪机、圆盘剪机和型刃剪机。(　　)

64. 多用途剪板机可分为联合剪冲机和板料折弯剪切机。(　　)

65. 剪板机常用来剪裁直线边缘的板料毛坯。(　　)

66. 剪板机能剪切厚度适中的金属材料。(　　)

67. 剪切次数是表示剪板机生产能力的重要参数。(　　)

68. 剪板机的刀刃只要求有足够的硬度,不要求有足够的强度。(　　)

69. 心轴式圆盘剪一般只用于剪切3～12 mm的带材。(　　)

70. 碎边机的使用特点是刀片的使用寿命长。(　　)

71. 在剪切板料时,尤其是剪切薄板,如果被剪下部分悬出工作台很长,板料易向下弯曲,应考虑增加托料装置。(　　)

72. 在剪切厚板时一般可不采用托料装置。(　　)

73. 剪板机工作台一般都开有T形槽,以固定挡板之用。(　　)

74. 剪板机的工作台又称床台用以放置板料并将板料送进剪口进行裁剪。(　　)

75. 剪切宽料时在接近剪切终了位置时,板料不容易移动,所以压料脚不宜过多。(　　)

76. 开卷校平剪切生产线不适用于不锈钢制品。(　　)

77. 数控开卷校平生产线能显著地提高生产效率,降低成本,保证产品质量。(　　)

78. 开卷线是金属卷板经过破卷、矫平、定尺剪切成一定长度的机械设备。(　　)

79. 开卷线属于非标定制设备。(　　)

80. 横剪机生产线主要由上料小车、开卷机、校平机、送料机构、剪板机、输送装置、堆垛装

置等组成。(　　)

81. 纵剪线属于标准设备,不可以根据客户的要求进行设计、制造。(　　)

82. 纵剪线在开卷分条时,不能同时裁剪不同宽度的条料。(　　)

83. 移动剪主要应用于剪切 3 mm 以上的钢板,目前最厚可达 30 mm。(　　)

84. 移动剪也叫追剪,是飞剪的一种。(　　)

85. 剪板机剪切不同厚度的材料时不需要调整间隙。(　　)

86. 剪板机剪切软钢材料时可采用较大的间隙。(　　)

87. 剪切间隙选取一般是按板厚的百分比选取,通常板厚大于 10 mm 时,取 $s=0.05\,t$。(　　)

88. 型材剪切机间隙调整一般是调整动刀架间隙。(　　)

89. 间隙在整个刀片长度上各不一致,一般在中间的间隙较大,两端间隙较小。(　　)

90. 所剪工件材料厚度不应大于机器所能剪切的标定厚度,对于大于 $\sigma_b>500\times10^6$ Pa 的材料不进行强度换算。(　　)

91. 剪切时如剪切力足够,可以剪切合在一起的 2 张板材。(　　)

92. 剪切划线样板是量具。(　　)

93. 样板一定都是自制的。(　　)

94. 工件的生产批量较大时,不用样板检测。(　　)

95. 型材剪切机不属于曲柄压力机类。(　　)

96. 所有的型材只能在型钢剪切机上切断,不能用冲床利用模具切断。(　　)

97. 双滚筒式飞剪广泛地应用于剪切运动中的型钢和钢板。(　　)

98. 不论是定长或者定角度剪裁,都可以采用画线后对线剪裁。(　　)

99. 除利用挡料板定位外,还可以在工作台上画基准线来代替挡料板。(　　)

100. 剪板机加工前应先空车试切,空车试切正常后,才可加工。(　　)

101. 一种工件校平作业完成后,如换工件作业,无需重新调整校平机参数。(　　)

102. 校平机工作台上不准堆放工具和杂物,避免带入校平辊内。(　　)

103. 校平机可以校平任何尺寸的工件。(　　)

104. 校平机入口参数与材料的材质、机床的状态等多种因素有关,根据经验可按材料厚度的 70%掌握。(　　)

105. 薄钢板变形后中间凸起,矫正时锤击凸起部位使其平整。(　　)

106. 薄钢板变形后四周呈荷叶边,矫正时锤击四周使其平整。(　　)

107. 矫正时,加热圆点的大小与板材的厚度有关。(　　)

108. 薄板中间凸起,说明钢板中间"紧",四周"松",矫正时锤击四周。(　　)

109. 局部加热矫正时对较厚的钢板温度要求要高一些,对较薄的钢板温度要求要低一些。(　　)

110. 钢板矫正机的基本工作原理主要是钢板在两排辊轴间受力并反复弯曲达到矫正目的。(　　)

111. 手工矫正薄板变形,若中部凸起,可以采用锤击法,由内向外,并逐渐扩大打击面和增加锤击密度。(　　)

112. 型钢矫直机不仅可以对型钢进行矫直,还可矫正型钢的断面形状。(　　)

113. 矫正已加工过的平面,薄钢板件或有色金属工件,应用木锤、铜锤、橡胶锤。(　　)

114. 对划线的基本要求是线条清晰匀称,尺寸准确。(　　)

115. 划线基准是以两个互相垂直的平面为基准。(　　)

116. 塞尺可以测量温度较高的工件。(　　)

117. 塞尺是用来测量间隙的。(　　)

118. 塞尺是万能量具的一种。(　　)

119. 斜辊矫正机不适用于圆截面管材及棒材的矫正。(　　)

120. 除急停按钮外,所有手动按钮不得高出操纵面板或面板护圈。(　　)

121. 钳式吊具通常是指夹钳,用于夹持、紧固或吊装的工具。(　　)

122. 利用永磁吸吊器吊运板料时,可以两张板料同时吊运,但不允许超过两张。(　　)

123. 起重永磁铁使用环境和被吸钢板温度范围不应超过生产厂家所标注的温度范围。(　　)

124. 卷板吊具禁止在高温区存放。(　　)

125. 卧卷吊具使用时不得擅自割去或添加任何机构,不得对吊具进行切割、补焊。(　　)

126. 吊装带按用途可分为耐酸吊带、耐碱吊带、高强吊带、高强纤维吊带、防腐吊带。(　　)

127. 钢丝绳使用时如果出现整根绳股的断裂,则钢丝绳应报废。(　　)

128. 在不同的工作环境中应选用不同性能的钢丝绳。(　　)

129. 对大型模具,需栓连住模具上的吊装用孔或起吊用栓柄及吊钩方可进行吊运。(　　)

130. 电流的基本单位符号为 A。(　　)

131. 长为 a、宽为 b 的长方形的面积 $S=a+b$。(　　)

132. 一样碳钢板的规格为:厚度 $=t$,长 $=a$,宽 $=b$,则它的重量 $G=(a+b)t\rho$。(　　)

133. 游标卡尺适用于高精度尺寸的测量和检验。(　　)

134. 游标卡尺主、副尺刻线的相差是随着副尺格数增多而减小。(　　)

135. 游标卡尺常用的读数值有 0.02 mm,0.05 mm 和 0.10 mm 三种。(　　)

136. 用游标卡尺测量时,卡脚要放正,不能歪斜。(　　)

137. 使用游标卡尺测量工件时,应用手握尺身,拇指推动游标,凭经验控制测量力。(　　)

138. 游标卡尺受到损伤后,应立即拆开修理后方可使用。(　　)

139. 应用变通磨料来擦除游标卡尺的刻度尺表面的锈迹和污物。(　　)

140. 钢直尺常用来粗测工件长度。(　　)

141. 钢直尺是精度较高的测量量具。(　　)

142. 拉力大小会影响钢卷尺的长度,在测量时如果不用弹簧秤衡量拉力,会产生误差。(　　)

143. 划 90°线可用 90°角尺直接画出。(　　)

144. 合理润滑的意义在于可以延长设备使用寿命、节能降耗,提高企业的经济效益。(　　)

145. 剪板机在日常使用时机床必须经常保持清洁，未涂油漆的部分涂防锈油脂。（　　）

146. 校平机在日常使用时要注意辊面的清洁，不允许有焊渣、短小板料或其他东西掉入辊间，以免损坏校平辊。（　　）

147. 操作者在站立姿势操作压力机时，应尽可能采用手控操纵器，而不用脚控操纵器。（　　）

148. 工厂应使操作者舒适地坐或立，或坐立交替在压力机旁进行操作，但不允许剪板机操作工坐着工作。（　　）

149. 压力机可以采用脚踏操纵装置或双手式操纵装置，但两者应选择其一。（　　）

150. 对于过长过重的工作物，严禁在砂轮机上磨削。（　　）

151. 发现有人触电，若离电源远，可用导体挑开触电者身上的电线或电器。（　　）

152. 对采用超过 42 V 安全电压的设备，必须采取防止直接接触带电体的保护措施。（　　）

153. 单位时间内通过导体截面的电量称为电流。（　　）

154. 精益生产方式的基本思想可以用一句话来概括，即“在必要的时间内，生产出必要数量的必要产品”。（　　）

155. 产品质量管理中要求树立用户至上和下一道工序就是用户的观点。（　　）

156. ISO 14000 是一个适用于任何组织的标准。（　　）

157. 环境管理体系是一项内部管理工具，旨在帮助组织实现自身设定的环境表现水平，并不断地改进环境行为，不断达到更新更佳的高度。（　　）

158. 职业健康安全管理体系具有实现遵守法规要求的承诺的功能。（　　）

五、简 答 题

1. 什么是全剖视？
2. 一张完整的零件图应包括哪些部分？
3. 什么是公差原则？
4. 什么是沸腾钢？
5. 在碳素钢中，碳的含量对钢有哪些影响？
6. 工件进行校平和整形的目的是什么？
7. 冲压生产中，铣割剪切的特点是什么？
8. 在冲压生产中，火焰切割裁料的特点是什么？
9. 什么是校平工序？
10. 管理标准包括哪些内容？
11. 什么是未注公差尺寸？
12. 什么是圆盘剪切？
13. 常用的剪切设备有哪些？
14. 剪切设备按剪切方法可分为哪几种？
15. 剪板机的用途是什么？
16. 圆盘滚剪机如何分类？
17. 多盘式剪切机的主要技术性能参数有哪些？

18. 圆盘剪机的优点有哪些?
19. 单滚式圆盘滚剪机的结构特点是什么?
20. 滚刀平行配置的圆盘滚剪机主要用于剪切哪些材料?
21. 单滚筒式碎边剪机的使用特点是什么?
22. 剪板机的托料装置有几种,分别是什么?
23. 装在机架上的后挡料板的特点是什么?
24. 剪板机上压料器的作用是什么?
25. 液压式压料器的优点是什么?
26. 剪板机的传动机构常用离合器的种类及应用范围是什么?
27. 开卷机的种类很多,根据卷料展开的方向可以分为哪几类?
28. 开卷生产线的功能是什么?
29. 横剪机的优点有哪些?
30. 按联动轴数分数控机床可分哪几轴联动?
31. 按工艺用途分数控机床可分为哪几类?
32. 数控机床的电动机主要有哪几种?
33. 数控机床按伺服系统的类型分为哪几类?
34. 数控机床是由哪几部分组成的?
35. 数控机床的辅助装置有哪些?
36. 数控机床主机包括哪些机械部件?
37. 简答板料剪切时断裂阶段的工作过程是怎样的?
38. 选择剪切间隙大小时应考虑的几点原则是什么?
39. 按样板使用范围样板分为哪几类?
40. 一般型钢剪机的刀架做成倾斜45°角的目的是什么?
41. 杠杆摆动式飞剪的特点是什么?
42. 简答剪裁的定尺含义。
43. 调整前挡料板的方法是什么?
44. 什么是对中装刀?
45. 多辊机矫板是利用材料的什么性能最终将其校平的?
46. 什么是划线?
47. 什么是平面划线?
48. 什么是立体划线?
49. 机械矫正中的拉伸机矫正的适用范围是什么?
50. 机械矫正中的压力机矫正的适用范围是什么?
51. 机械矫正中的辊式机矫正的适用范围是什么?
52. 安全装置的安全可靠性取决于哪些方面?
53. 真空吸盘的种类有哪些?
54. 吊带的优点是什么?
55. 吊带的缺点是什么?
56. 钢丝绳的缺点是什么?

57. 什么是钢丝绳?
58. 有一半球面形零件,半球面半径 $R=50$ mm,求零件表面积是多少?
59. 简答游标卡尺的种类?
60. 游标卡尺的适用范围是什么?
61. 用钢直尺测量零件的直径时测量精度差的原因是什么?
62. 在钢卷尺的使用中,产生误差的主要原因有哪些?
63. 冲压作业中的不安全行为主要有哪些?
64. 当触电病人出现有心跳,但是呼吸停止或及其微弱时的急救方法是什么?
65. 精益管理的目标是什么?
66. 质量管理体系包括哪些活动?
67. 质量管理体系的原则包括哪些?
68. 实施 ISO 14001 的指导原则主要有哪些?
69. 劳动法的概念是什么?
70. 根据合同法等相关法律规定,哪些情况下的合同可以撤销?

六、综 合 题

1. 将图 1 视图补充完整。

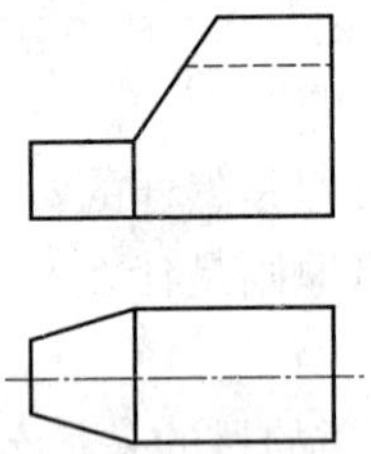

图 1

2. 根据图 2 补画组合几何体的第三视图。

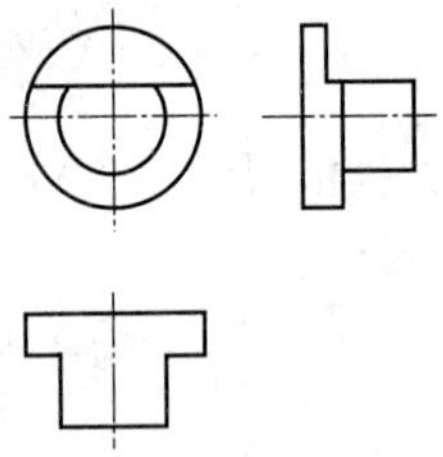

图 2

3. 为什么说剪切工序是冲压加工的主要工序之一?
4. 冲压生产中,手工剪切的特点是什么?
5. 冲压生产中,机床剪切的特点是什么?
6. 在冲压加工中如何选择应用不同的校平方法?
7. 剪板机是如何分类的?
8. 多滚式圆盘滚剪机的结构特点是什么?

9. 剪板机的工作台上为何要设有托料球？
10. 剪切机械的托料装置安全技术要求有哪些？
11. 剪切机械的挡料装置安全技术要求有哪些？
12. 剪板机工作台的作用是什么？
13. 剪切机械的压料装置安全技术要求有哪些？
14. 在一般小型剪板机上，常采用何种压料器？
15. 剪切机的剪切工作过程是怎样的？
16. 叙述什么是合理间隙？
17. 怎样调节剪切间隙？
18. 论述剪板机能否对所有材料都能剪切到最大标定厚度？
19. 滚筒式飞剪的缺点是什么？
20. 怎样正确使用剪切机？
21. 叙述剪板机开机前应做哪些工作？
22. 剪板机在使用和调整中应注意哪些事项？
23. 冲压作业场所对安全控制装置有什么要求？
24. 冲压作业场所对安全保护装置有什么要求？
25. 链式吊具的优点是什么？
26. 有一圆环，外圆半径为 $R=20$ mm，内圆半径为 $r=10$ mm，求此环形面积是多少？
27. 有一扇形图，半径为 10 mm，圆心角为 135°，求此扇形面积是多少？
28. 厚度 $t=5$ mm 的不锈钢板，密度 $\rho=7.93$ g/cm^3 规格为 1 000×2 000 的重量为多少？
29. 叙述 1/20 mm 游标卡尺的读数原理是什么？
30. 刻度值为 0.02 mm 的精密游标卡尺的读数方法是什么？
31. 怎样使用游标卡尺？
32. 润滑在压力机使用过程中的重要作用是什么？
33. 使触电者脱离电源的方法有哪些？
34. 环境管理体系的定义是什么？
35. 职业健康安全管理体系的特点是什么？

剪切工(初级工)答案

一、填 空 题

1. 三视图	2. 第一角	3. 三视图	4. 左视图
5. 局部视图	6. 旋转视图	7. 剖面图	8. 零件图
9. 识别符号	10. 独立原则	11. 封闭	12. 实际尺寸
13. 定位尺寸	14. 2～5 mm	15. 线段处	16. 波浪线
17. 碳素结构钢	18. 有色金属	19. 不锈	20. 碳素工具钢
21. 0.45%	22. 0.5～120 mm	23. 0.5～20 mm	24. 表面裂纹
25. 氧化铁皮	26. 展开尺寸	27. 冲裁	28. 弹性变形
29. 热剪	30. 凸模	31. 手剪	32. 圆盘剪切
33. 劳动生产率	34. 摇臂铣钻床	35. 内孔	36. 高
37. 切割机	38. 割炬	39. 剪切变形	40. 大小
41. 光平模	42. 产品标准	43. 基本尺寸	44. 尺寸公差
45. 大	46. 小	47. 长度	48. 旁弯
49. 65°～70°	50. 常	51. 剪切	52. 龙门剪机
53. 折弯	54. 锻压	55. 直线度	56. 最大宽度
57. 5×10^{8}	58. 性能规格	59. 悬臂轴式	60. 单曲柄
61. 纵向	62. 托料	63. 定位尺寸	64. 挡料板
65. 刚性	66. 压力	67. 托料球	68. 密
69. 硬橡皮	70. 机械自坠式	71. 液压式	72. 圆盘摩擦式
73. 摩擦力	74. 自动定尺	75. 堆放	76. 全自动
77. 校平	78. 牵引	79. 开卷机	80. 条料
81. 镰刀弯	82. 薄板	83. 单独	84. 低
85. 分开	86. 运动方式	87. 机床本体	88. 插补
89. 弹性变形	90. 较大	91. 静刀架	92. 定位螺栓
93. 剪切力	94. 测量样板	95. 后挡板	96. 刀刃
97. 飞剪	98. 平移	99. 型材	100. 后挡料架
101. 草图	102. 传动侧	103. 崩断	104. 光线
105. 清洁	106. 打磨平整	107. 切割飞溅	108. 停机处理
109. 重叠	110. 角变形	111. 角变形	112. 三角形加热
113. 翼板	114. 弯曲	115. 平面划线	116. 设计基准
117. 量规	118. 校正	119. 防护装置	120. 滑块
121. 钢丝绳	122. 自动型	123. 退磁	

124. 无磁	125. 60°	126. 固定梁	127. 卧卷吊具
128. 电动	129. 吊具体	130. 配重铁	131. 安全载荷
132. 裂纹	133. 钢丝	134. 不得开车	135. 弧度
136. 25.4	137. 1	138. $M=FL\rho$	139. 擦净上油
140. 强磁场	141. 平放	142. 自卷式	143. 零刻度
144. 水平	145. 宽形	146. 外角和内角	147. 垂直度
148. 寿命	149. 润滑	150. 能量	151. 防锈密封
152. 断开电源	153. 轴承	154. 压下量	155. 安全
156. 立即停机	157. 安全操作规程	158. 动力电路	159. 开路
160. 质量管理体系	161. ISO 14001	162. 全面质量管理	163. 职业健康
164. 合同法			

二、单项选择题

1. B	2. D	3. C	4. B	5. A	6. B	7. B	8. B	9. C
10. D	11. B	12. C	13. C	14. B	15. D	16. A	17. C	18. A
19. D	20. C	21. A	22. C	23. B	24. C	25. C	26. D	27. D
28. B	29. C	30. C	31. D	32. D	33. B	34. D	35. B	36. C
37. A	38. D	39. A	40. C	41. C	42. B	43. D	44. C	45. C
46. A	47. C	48. D	49. A	50. A	51. C	52. A	53. D	54. C
55. C	56. A	57. D	58. C	59. D	60. D	61. C	62. A	63. B
64. C	65. B	66. D	67. D	68. A	69. D	70. B	71. B	72. A
73. A	74. B	75. D	76. C	77. B	78. C	79. A	80. C	81. B
82. A	83. D	84. A	85. B	86. C	87. C	88. B	89. A	90. A
91. C	92. B	93. C	94. A	95. D	96. D	97. A	98. B	99. A
100. A	101. A	102. D	103. B	104. D	105. C	106. B	107. B	108. D
109. A	110. B	111. C	112. A	113. D	114. C	115. C	116. B	117. B
118. B	119. B	120. B	121. A	122. B	123. A	124. D	125. C	126. C
127. B	128. A	129. C	130. C	131. A	132. C	133. B	134. A	135. C
136. C	137. D	138. B	139. C	140. B	141. D	142. A	143. C	144. A
145. D	146. A	147. B	148. D	149. A	150. D	151. D	152. A	153. D
154. B	155. A	156. B	157. C	158. A				

三、多项选择题

1. ACD	2. ABC	3. ABC	4. BCD	5. BCD	6. ABCD	7. AC
8. ABD	9. ABCD	10. ABC	11. ACD	12. ABCD	13. ABD	14. AD
15. ACD	16. ABC	17. BC	18. ABCD	19. ABCD	20. ABCD	21. BD
22. ABCD	23. ACD	24. AC	25. ABCD	26. ABC	27. AB	28. ABCD
29. AB	30. AC	31. ABD	32. ABD	33. ABCD	34. BC	35. AC
36. ABC	37. ABC	38. CD	39. AD	40. AD	41. BC	42. ACD

43. AD	44. ACD	45. BC	46. ACD	47. BC	48. ABCD	49. ABC
50. BD	51. ACD	52. ABC	53. ABD	54. ABCD	55. ABD	56. ABC
57. ABCD	58. ACD	59. ACD	60. ABCD	61. ABC	62. AC	63. ABD
64. ABCD	65. ACD	66. ABD	67. AC	68. ABCD	69. AB	70. ABCD
71. BD	72. ABD	73. ABCD	74. ABC	75. ABCD	76. ABC	77. ABC
78. BCD	79. AD	80. ACD	81. AB	82. ABCD	83. ABC	84. ABC
85. ABCD	86. BCD	87. ACD	88. ACD	89. AB	90. ABCD	91. ABCD
92. ACD	93. ABCD					

四、判 断 题

1. √	2. √	3. √	4. √	5. √	6. √	7. √	8. √	9. ×
10. √	11. √	12. ×	13. √	14. √	15. ×	16. √	17. √	18. √
19. √	20. ×	21. √	22. √	23. √	24. √	25. √	26. ×	27. ×
28. √	29. √	30. ×	31. √	32. ×	33. ×	34. √	35. √	36. √
37. ×	38. √	39. ×	40. √	41. ×	42. √	43. ×	44. √	45. √
46. √	47. √	48. ×	49. ×	50. ×	51. √	52. ×	53. √	54. √
55. ×	56. √	57. √	58. √	59. ×	60. √	61. √	62. √	63. √
64. √	65. √	66. √	67. √	68. ×	69. ×	70. ×	71. √	72. √
73. √	74. √	75. ×	76. ×	77. √	78. √	79. √	80. √	81. ×
82. ×	83. √	84. √	85. ×	86. ×	87. √	88. ×	89. ×	90. ×
91. ×	92. ×	93. ×	94. ×	95. ×	96. ×	97. √	98. √	99. √
100. √	101. ×	102. √	103. ×	104. √	105. ×	106. ×	107. √	108. ×
109. √	110. √	111. √	112. √	113. √	114. √	115. √	116. ×	117. √
118. ×	119. ×	120. √	121. √	122. ×	123. √	124. √	125. √	126. √
127. √	128. √	129. √	130. √	131. ×	132. ×	133. ×	134. ×	135. √
136. √	137. √	138. ×	139. ×	140. √	141. ×	142. √	143. ×	144. √
145. √	146. √	147. √	148. √	149. √	150. √	151. ×	152. ×	153. √
154. √	155. √	156. √	157. √	158. √				

五、简 答 题

1. 答:用剖切平面(2 分)完全地剖开零件,所得的剖视图(2 分)称为全剖视(1 分)。

2. 答:一张完整的零件图(1 分)应包括:(1)一组表达零件形状的图形(1 分);(2)一套正确、完整、清晰、合理的尺寸(1 分);(3)必要的技术要求(1 分);(4)填写完整的标题栏(1 分)。

3. 答:处理尺寸公差(2 分)与形位公差(2 分)之间关系的原则称为公差原则(1 分)。

4. 答:由于钢液脱氧不充分(1 分),注入锭模后(1 分),钢水中的氧和碳发生反应析出大量一氧化碳引起沸腾(2 分),故称这类钢为沸腾钢(1 分)。

5. 答:一般情况下,碳素钢中碳的质量分数越大(1 分),则钢的硬度越大(1 分),强度也越高(1 分),但塑性、可加工性、焊接性越差(2 分)。

6. 答:工件进行校平和整形的目的是把工件的形状(2 分)和尺寸(2 分)修正到符合产品

规定的要求(1 分)。

7. 答:铣割切料主要是利用专门的大型摇臂铣床,对材料进行铣切分离(3 分)。这种备料方法主要适用于飞机、汽车及拖拉机制造厂中的备料作业(2 分)。

8. 答:气割裁料主要是利用火焰对材料进行加热融化分离的备料方法(2 分)。这种备料方法主要应用于材料厚度超过 10 mm 的板料备料中,一般薄板不采用此种方法(3 分)。

9. 答:将毛料或制件的不平面(1 分),放在两个平滑的或带有齿型刻纹的表面之间进行压平(3 分),这样的工序称为校平工序(1 分)。

10. 答:管理标准(1 分)一般包括(1):生产经营工作标准(1 分);(2)管理业务标准(1 分);(3)技术管理标准(1 分);(4)经济管理标准(1 分)。

11. 答:未注公差尺寸是指图样上(1 分)只注基本尺寸(2 分)而不标注极限偏差(2 分)的尺寸。

12. 答:圆盘剪切是将板料或卷料(1 分)放在利用机械动力带动的两个旋转方向相反的圆盘滚刀之间(3 分)通过时被剪开的剪切方法(1 分)。

13. 答:常用的剪切设备有剪切机(1 分)、振动冲型机(1 分)、圆盘滚剪机(1 分)、冲孔裁板机(1 分)和摇臂铣钻床(1 分)。

14. 答:剪切设备按剪切方法可分为平刃剪机(1 分)、斜刃剪机(1 分)、圆盘剪机(1 分)、振动剪机(1 分)、型钢剪机和联合剪机(1 分)。

15. 答:剪板机属于直线剪切机类(2 分),主要用于剪裁各种尺寸金属板材的直线边缘(3 分)。

16. 答:圆盘滚剪机按其滚刀数量(1 分)可以分为多滚式圆盘滚剪机(2 分)和单滚式圆盘滚剪机(1 分)。

17. 答:多盘式剪切机的主要技术性能参数(1 分)有(1)圆盘刀直径(mm)(1 分);(2)剪切速度(m/min)(1 分);(3)被剪板材允许厚度(mm)(1 分);(4)被剪板材允许宽度(mm)(1 分)。

18. 答:圆盘剪机的优点有:(1)剪裁长度不受限制(1 分);

(2)用数对刀盘时,可同时剪裁数条长形零件,故效率较高(2 分);

(3)改变刀盘的交错量,可以剪切曲线轮廓的零件(2 分)。

19. 答:单滚式圆盘滚剪机只有一对滚刀(2 分),由于滚刀配置角度不同,可剪切不同曲线或内孔轮廓边缘的坯料(2 分),平形配置的主要剪切直线的条料(1 分)。

20. 答:滚刀平行配置的圆盘滚剪机主要剪切直线的条料(2 分)。用圆盘滚剪机剪切的条料及坯料,其切边处易产生弯曲现象(2 分),故在剪切后需进行修整(1 分)。

21. 答:单滚筒式碎边剪机的使用特点是刀片的寿命低(2 分),同时刃口不是沿整个长度都被磨钝(1 分),而是在被剪板边相对应的宽度范围内局部被磨钝(2 分)。

22. 答:剪板机的托料装置有两种(1 分),一种是从被剪板料底面向上托住(2 分),另一种是从被剪板料上面吸住(2 分)。

23. 答:装在机架上的后挡料板始终水平安放(2 分),因此不受调节剪切角的影响(3 分)。

24. 答:剪板机上的压料器主要是用来压紧被裁板料(2 分),以防止在剪切时板料产生位移(1 分),而影响剪切精度和尺寸(2 分)。

25. 答:液压式压料器的优点是:工作时无杂音、噪声小(2 分),并且压紧力较均匀、容易调整(2 分),特别对一些软料剪切不会产生压痕(1 分)。

26. 答:剪板机的传动机构常用离合器有转键式离合器和圆盘式摩擦离合器(1分)。一般中小型剪板机采用转键式离合器(2分),而大型剪板机多采用圆盘式摩擦离合器(2分)。

27. 答:根据卷料展开的方向(1分),开卷机可以分为上开式(2分)和下开式(2分)两类。

28. 答:开卷校平剪切生产线用于将冷轧钢卷板、热轧卷板、不锈钢卷板、镀锌钢卷板开卷校平后剪切成各种规格的定尺板材(3分),适用于不锈钢制品,车辆和机械制造等行业(2分)。

29. 答:横剪机具有自动化程度高(1分),操作简单可靠(1分)、定长精度高(1分)、板料平整度高(1分)和堆垛整齐(1分)等优点。

30. 答:按联动轴数分数控机床可以分为2轴联动(1分)、2.5轴联动(1分)、3轴联动(1分)、4轴联动(1分)、5轴联动(1分)。

31. 答:按工艺用途分(1分)数控机床可分为:(1)金属切削类数控机床(1分);(2)金属成型类数控机床(1分);(3)数控特种加工及其他类型数控机床(2分)。

32. 答:数控机床的电动机(1分)主要有主电动机(2分)和伺服电动机(2分)两类。

33. 答:数控机床按伺服系统的类型(1分)分为三类:开环控制数控机床(1分)、闭环控制数控机床(1分)和半闭环控制数控机床(2分)。

34. 答:数控机床一般由控制介质(1分)、数控装置(1分)、伺服系统(1分)、测量反馈装置(1分)和机床主机(1分)组成。

35. 答:数控机床常用的辅助装置包括:气动、液压装置(1分),排屑装置(1分),冷却、润滑装置(1分),回转工作台(1分)和数控分度头,防护,照明(1分)等。

36. 答:机床主机是数控机床的主体(1分),它包括床身、底座、立柱、横梁、滑座(2分)、工作台、主轴箱、进给机构、刀架及自动换刀装置(2分)等机械部件。

37. 答:上刀片压入材料至一定深度后,由于应力集中,在剪刃处开始发生断裂,产生裂纹(2分)。压力继续加大,裂纹迅速扩张,最后使材料断裂成两部分,完成剪切工作(3分)。

38. 答:选择剪切间隙大小时应考虑的原则(1分)是:(1)剪切硬材料的间隙应比剪切软材料时大些(1分);(2)板料越厚,则间隙占板料的百分比值也越大(1分);(3)采用平刃剪切时的间隙应比采用斜刃剪切时要大些(2分)。

39. 答:按样板使用范围(1分)可分为标准样板(2分)和专用样板(2分)两大类。

40. 答:一般型钢剪机的刀架做成倾斜45°角的目的是为了保证型钢能沿着整个外形一下子切断(1分),既可以避免在逐渐切断的场合下材料所发生的扭曲现象(2分),又可以使型钢沿着平面平稳地进行送料(2分)。

41. 答:杠杆摆动式飞剪的刀片近似于作直线的摆动(1分),剪切时刀片沿着带材移动的方向运动(2分),剪切后几乎是循着原路返回最初位置(2分)。

42. 答:剪裁的定尺(1分),就是指如何设法将板材和型材(2分)在剪裁后达到所需的长度和角度(2分)。

43. 答:把后挡料架的挡板靠紧下刀刃口(1分),再把样板靠紧后挡料板(1分),将前挡料架的挡板靠紧样板并固定住(1分),松开后挡料板(1分),击掉样板,进行剪切(1分)。

44. 答:对中装刀即上刀轴的第一刀盘(1分)和最后的刀盘(1分)都在外侧(1分),且对称于刀轴中心线(2分)。

45. 答:用多辊机矫板就是利用材料的"包辛格效应"(2分),对板材进行正反多次弯曲(1

分),使原来各种不同的曲率逐步变为单一曲率(1分),最终将其校平(1分)。

46. 答:根据图样和技术要求(1分),在毛坯或半成品上用划线工具画出加工界限(2分),或画出作为基准的点、线的操作过程(2分)称为划线。

47. 答:只需在工件的一个表面上划线(2分)就能明确表示加工界线的划线方法(2分)称为平面划线(1分)。

48. 答:在工件上几个互成不同角度的表面上都划线(2分)才能明确表示加工界限的划线方法(2分)称为立体划线(1分)。

49. 答:机械矫正中的拉伸机矫正适用于薄板瓢曲的矫正(2分),型材扭曲的矫正(1.5分),管、带、线材的矫正(1.5分)。

50. 答:机械矫正中的压力机矫正适用于工字钢、槽钢的矫直(2分),坯料的矫直(1.5分)和大型轧材的矫正(1.5分)。

51. 答:机械矫正中的辊式机矫正适用于板材矫平(1分),角钢矫直(1分),卷材、棒料、扁钢矫直、切断(2分),圆截面管材及棒材矫正(1分)。

52. 答:安全装置的安全可靠程度取决于它的动力来源(1分)和它所控制的压力机的部位(2分),以及安全装置本身的可靠性(2分)。

53. 答:真空吸盘有真空泵式(1.5分)、气流负压式(1.5分)和无气源式(2分)三种。

54. 答:吊带的优点有:(1)保护被吊物品,使其表面不被损坏(1分);

(2)高强度、轻便、便于携带及进行吊装准备工作(2分);

(3)柔软便于操作(1分);

(4)不腐蚀、不导电(1分)。

55. 答:吊带的缺点有:(1)吊装中容易被尖角割伤(1分);

(2)不适用于高温及高沙尘环境,使用温度≤100 ℃(2分);

(3)耐磨性低(1分);

(4)不能随时调整使用长度(1分)。

56. 答:钢丝绳的缺点有:(1)表面容易受磨损及侵蚀,造成断丝影响载荷(1分);

(2)麻芯使用温度较低,不适合于高温作业(1分);

(3)不能进行绕行吊装(1分);

(4)检测不便(1分);

(5)僵性大,不易存储(1分);

(6)无法调整使用长度(1分)。(答对任意5条得满分)

57. 答:钢丝绳是由多根或多股细钢丝捻成股,再由一定数量股捻绕成螺旋状的绳。

58. 解:$F=2\pi R^2$(2分)$=2\times3.14\times502=15\,700(mm^2)$(2分)

答:此零件的表面积是15 700 mm^2(1分)。

59. 答:游标卡尺有:(1)深度游标卡尺(1.5分);(2)高度游标卡尺(1.5分);(3)齿轮(厚)游标卡尺(1.5分)。(全部答对得5分)

60. 答:游标卡尺的适用范围是:

(1)测量工件宽度(1分);

(2)测量工件外径(1分);

(3)测量工件内径(1.5分);

(4)测量工件深度(1.5 分)。

61. 答:用钢直尺测量零件的直径时测量精度差的原因是(1)钢直尺的刻线间距为 1 mm(1 分),而刻线本身的宽度就有 0.1～0.2 mm(1 分),所以测量时读数误差比较大(1 分)(2)钢直尺测量时无法正好放在零件直径的正确位置(2 分)。

62. 答:在钢卷尺的使用中,产生误差的主要原因有:

(1)温度变化的误差(1.5 分);

(2)拉力的误差(1.5 分);

(3)尺不水平的误差(1.5 分)。(全部答对得 5 分)

63. 答:冲压作业中的不安全行为主要有操作准备不充分(1 分)、操作方法不当(1 分)、作业位置不安全(1 分)、操作姿势不正确(1 分)、动作不协调(1 分)、工具和防护用品使用不当(1 分)等。(答对任意五条得满分)

64. 答:采用口对口人工呼吸法近心急救(2 分)。人工呼吸法可以按照下述口诀进行:频率为每分钟约 12 次(1 分);清理口腔防堵塞,鼻孔朝天头后仰;贴嘴吹气胸扩张,放开口鼻换气畅(2 分)。

65. 答:精益管理的目标可以概括为:企业在为顾客提供满意的产品与服务的同时(3 分),把浪费降到最低程度(2 分)。

66. 答:质量管理体系通常包括制定质量方针、目标(1 分)以及质量策划(1 分)、质量控制(1 分)、质量保证(1 分)和质量改进(1 分)等活动。

67. 答:(1)以顾客为关注焦点(1 分);

(2)领导作用(1 分);

(3)全员参与(1 分);

(4)过程方法(1 分);

(5)管理的系统方法(1 分);

(6)持续改进(1 分);

(7)基于事实的决策方法(1 分);

(8)与供方互利的关系(1 分)。(答对任意五条得满分)

68. 答:(1)环境管理服务于社会的环境问题的改善(1 分);

(2)领导的作用(1 分);

(3)全员参与环境管理工作(1 分);

(4)实施规程控制(1 分);

(5)持续改进(1 分)。

69. 答:为了保护劳动者的合法权益(1 分),调整劳动关系(1 分),建立和维护适应社会主义市场经济的劳动制度(1 分),促进经济发展和社会进步(1 分),根据宪法,制定劳动法(1 分)。

70. 答:(1)因重大误解成立的合同(1 分);

(2)显失公平的合同(1 分);

(3)因欺诈成立的合同(1 分);

(4)因胁迫成立的合同(1 分);

(5)乘人之危订立的合同(1 分)。

六、综 合 题

1. 将视图补充完整如下:(每条线 1 分)

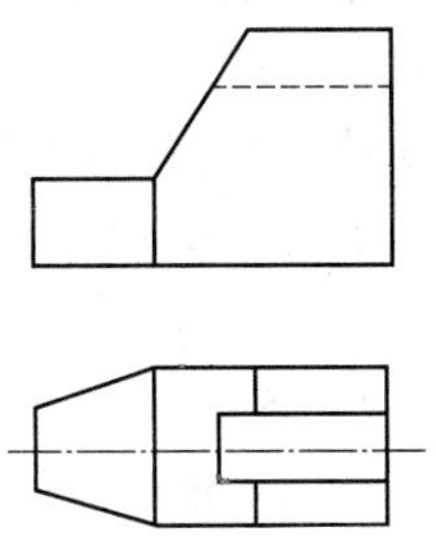

图 1

2. 组合几何体的第三视图如下:(要求图形完整,每缺一条线扣 0.5 分)

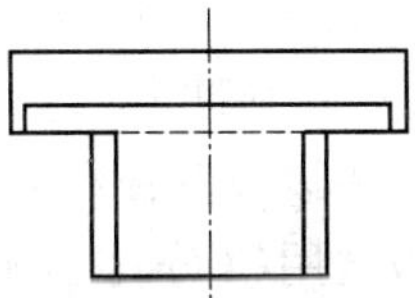

图 2

3. 答:因为冲压加工中的冲裁、弯曲、拉深、成形等工序,原材料多数是以整张的板料或成卷的卷料进行供应(2 分)。这就要求在冲压前,必须将这些原材料剪切成符合尺寸要求的条料或块料,以便于下道工序的正常作业(2 分)。因此,在有冲压工序的工厂中,一般都设有专门的备料车间或工段,将剪切工作集中进行,以便生产有序管理和原材料的合理利用(4 分)。所以说剪切工序是冲压加工的主要工序之一(2 分)。

4. 答:手工剪切是利用手剪或台式剪床对材料进行剪切分离(3 分)。这种方法主要适用于小批量或数量不大的单件加工(2 分)。其优点是不需要专用的剪切设备(2 分),工作方便(1 分),但劳动强度太大(1 分),生产效率极低(1 分)。

5. 答:利用专用的机床剪切板料及卷料,是目前最普遍采用的方法(2 分)。其主要剪切机床是剪板机、圆盘滚刀剪床、振动剪床和冲孔裁板机等(3 分)。用这些专用机床进行板料剪切,可大大节省劳动力,降低劳动强度,提高劳动生产率(3 分)。所剪得的坯料轮廓可以是直线、曲线,也可以是曲线与直线相互连接的坯料(2 分)。

6. 答:(1)对于材料较薄且表面不允许有细痕的零件,可采用平面校平模(1 分)。通常采用浮动凸模或浮动凹模(1 分)。(2)对于材料较厚、平直度要求较高且表面容许有细痕的工件,可采用齿状校平模(1 分)。齿有尖齿和平齿两种(1 分)。(3)当零件的表面不允许有压痕时,可采用一面是平板,另一面是带齿模板的校平方法(1 分)。假如零件的两个表面都不允许有压痕,或零件的尺寸较大,且要求有较高平直度时,也可以采用压力下的加热校平方法(1 分)。(4)大批生产的中、厚板零件的校平可成叠在液压机上进行(2 分)。(5)对不大的平板零件也可采用滚轮校平(2 分)。

7. 答:(1)剪板机按其上下刀片装配的不同,可分为平刃剪板机和斜刃剪板机(3 分);(2)

按传动形式分，剪板机有机械传动和液压传动两类(3 分)；其中机械传动有上传动和下传动两种(2 分)；液压传动按上下刀架的运动形式可分往复式和摆动式两种(2 分)。

8. 答：多滚式圆盘滚剪机的结构是在主轴上安装多对滚刀(2 分)，每对滚刀的距离就相当于所裁条料的宽度(3 分)，滚刀相对距离根据所要求条料的宽窄做适当的调整(3 分)，一般应用在将板料同时裁剪成宽度一致的数条条料(2 分)。

9. 答：剪板机的工作台由于有床身及支撑板的作用，不致使下刀片由于受力过大而被压弯(5 分)。为便于进料及减轻被裁材料与工作台的摩擦，有的剪板机的工作台上设有托料球，在剪切时钢球压在工作台内(5 分)。

10. 答：(1)剪切薄而长的板料时，应采用托料装置(3 分)。后托料装置应能下摆(2 分)，前托料装置按剪切需要可以有旋转，升降等动作(2 分)，这些结构必须安全可靠(1 分)。

(2)棒料剪应有分料装置及托料装置，以消除人工清理时的危险因素(2 分)。

11. 答：(1)挡料装置(包括前、后挡料装置)应具有挡料准确、送料方便的结构(2.5 分)；

(2)挡料装置应便于剪料，当受剪材料卡死时，不用手搬动就应顺利排除(2.5 分)；

(3)挡料装置应设有角度挡料器，以便剪切梯形或有角度的板料(2.5 分)；

(4)棒料剪切机的挡料装置应有克服棒料冲击力引起的反弹补偿送料装置(2.5 分)。

12. 答：剪板机的工作台又称床台，用以放置板料并将板料送进剪口进行裁剪(2 分)。工作台一般都开有 T 形槽，以固定挡料板之用(2 分)。工作台固定在床身上并有撑板支撑，其前沿固定有下刀片，下刀片可借助台下的螺栓调节而和工作台一起前后移动，以调节其与上刀片的间隙大小(3 分)，在剪切时，工作台承受刀片传给的剪切力和压料机构的压力(3 分)。

13. 答：(1)剪切过程必须按先压紧而后剪切的顺序动作(2 分)。压料装置应有足够的压料力和足够数量的压料脚，始终将料压紧在工作台上，以防由于压料力不足，而使被剪材料翘起或飞出伤人(2 分)。

(2)在剪切厚度小于 6.3 mm 的钢板剪切机上采用压紧装置时，其高度必须可调(2 分)。在操作时，应将销子底面调至与受剪钢板上表面间的距离小于 8 mm(2 分)。

(3)剪切机械的压料装置应保证压料脚和刀架的动作顺序正常并符合要求(2 分)。

14. 答：在一般小型剪板机上，常采用机械自坠式压料器(2 分)。当剪板机的滑板下降时，压紧块则靠本身自重及弹簧张力自动下降与板料接触并使其被压紧(2 分)。弹簧张力大小，可通过调节螺钉进行调整(1 分)。剪切完毕后，滑板回升，其压紧板由滑板带起(1 分)。压紧机构有凸轮式及其他形式的压紧机构(2 分)，在一般小批量及板料尺寸不大的下料工作中，一般可通过人力送进板料，并由人工自行掌握控制，可不用压紧装置(2 分)。

15. 答：剪板机在工作时，按照板料上画好的线(2 分)或借助于前、后挡料装置定位(用钢板尺测量)(2 分)，将板料放在床面上(1 分)，然后踏动操纵踏板(1 分)，通过杠杆机构使离合器相连(1 分)，又通过曲轴连杆机构带动活动托板下移(1 分)，将板料压紧，启动电源，进行剪切(2 分)。

16. 答：冲裁模的间隙在一个适当的范围内都会得到合格的冲裁件(2 分)，并能使冲裁力降低，延长模具寿命，(2 分)一般小间隙时不出二次光亮带(2 分)，大间隙时不出过大的圆角和较大的毛刺(2 分)，这一适当的间隙范围称为冲裁模的合理间隙(2 分)。

17. 答：松开下剪刃座紧固螺钉(1 分)，使工作台处于自由状态，扭动调整螺钉(1 分)，使工作台能前后移动调至适当间隙(2 分)，然后紧定调整螺钉和固定螺钉(2 分)，盘车进行间隙测量(1 分),合适后拧紧所有螺钉(1 分),再进行检查间隙,直到调整到合适为止(2 分)。

18. 答:剪板机不是对所有材料都能剪切到最大标定厚度(2 分),我国设计的剪板机,其标定的最大剪厚度是按所剪板料抗拉强度 σ_b 为 5×10^8 Pa 确定的(2 分),对于一定宽度的所裁材料,当其抗拉强度小于 5×10^8 Pa 时,所裁厚度可以达到标定最大剪切厚度(3 分)。当材料的抗拉强度大于 5×10^8 Pa 时,所裁厚度应适当降低(3 分)。

19. 答:(1)由于使用的是两把平行刀片,所以剪切力很大(3 分);

(2)实际剪切中,两把刀片不是平行地切入金属,而是啮合式地切入金属(2 分),既有圆弧运动,又有上下运动(2 分),所以造成刀片与带材的运动速度是不一致的,致使剪切板材厚度受到了限制,其剪切板材的厚度最大值为 2.5～3 mm(3 分)。

20. 答:开工前:(1)按照机器润滑部位,分别加注润滑油(1.5 分);(2)检查各处螺钉连接,是否有松动现象(1 分);(3)检查离合器是否灵活,制动器的制动带松紧程度是否合适(1.5 分);(4)调整挡料板位置,使与所要裁条料或块料的尺寸相符(1.5 分);(5)调整上下刀片的间隙,使之与所裁的工件厚度相适应(1.5 分)。操作时:(1)进行单次剪切时,踩动脚踏板或脚踏横管以后,随即抬起,避免引起连剪(1.5 分);(2)一般需二人及多人同时操作,操作时注意协调配合(1.5 分)。

21. 答:(1)按照机器润滑部位,分别加注润滑油(2 分);(2)检查各处螺钉连接,是否有松动现象(2 分);(3)检查离合器是否灵活,制动器的制动带松紧程度是否合适(2 分);(4)调整挡料板位置,使与所要裁条料或块料的尺寸相符(2 分);(5)调整上下刀片的间隙,使之与所裁的工件厚度相适应(2 分)。

22. 答:(1)在使用剪板机时,一般需 2 人同时进行操作,操作时必须密切配合,并注意动作协调(4 分)。

(2)在开动自动行程开关或一直踏住离合器操纵杆时,可以进行连续剪切(3 分)。

(3)使用剪板机时,所裁板料厚度不应超过剪板机所规定的范围(3 分)。

23. 答:安全控制装置本身并不直接对人身进行保护,而是对操作者实现间接保护(4 分)。当操作者的手、手指或身体其他部分误入操作危险区时(3 分),安全控制装置即对压力机制动器进行控制,使滑块停止运行(3 分)。

24. 答:(1)安全保护装置不应在压力机滑块或其他运动部件之间出现夹紧点(2 分)。两者之间至少应保持 25 mm 的间隙(2 分)。

(2)必须用紧固装置紧固于压力机的适当位置上(1 分)。紧固装置必须可靠,只有使用专用工具和在足够外力的作用下,方能拆卸(2 分)。

(3)有足够的强度(1 分)。

(4)便于检查和维修(1 分)。

(5)有良好的可见度(1 分)。

25. 答:(1)承载能力高(1 分);(2)安全性好,破断延伸率≥20%(2 分);(3)组合形式多样,通用性、互换性强(2 分);(4)长短可调,易于存放(1 分);(5)使用寿命长(1 分);(6)使用温度范围大(2 分)(7)易于检测,方便快捷(1 分)。

26. 解:$S=\pi(R^2-r^2)$(4 分)$=3.14\times(20^2-10^2)=942(\text{mm}^2)$(4 分)

答:此环形面积是 942 mm^2(2 分)。

27. 解:$S=n\pi R^2/360$(4 分)$=135\times3.14\times10^2/360=117.75(\text{mm}^2)$(4 分)

答:此扇形面积是 117.75 mm^2(2 分)。

28. 解:$G=mg=\rho Vg$(4 分)$=7.93\times1\ 000\times2\ 000\times5\times0.001=79\ 300$ g=79.3(kg)(4 分)

答:此不锈钢板的重量为 79.3 kg(2 分)。

29. 答:1/20 mm 的游标卡尺,主尺每格为 1 mm,当两爪合并时,副尺上的 20 格刚好与主尺上的 19 mm 对正(5 分)。

副尺每格=19 mm/20=0.95 mm(3 分)。

主尺与副尺每格相差:1 mm−0.95 mm=0.05 mm(2 分)。

30. 答:(1)根据副尺零线以左的主尺上的最近刻度读出整毫米数(3 分);

(2)根据副尺零线以右与主尺上的刻度对准的刻线数乘以 0.02 读出小数(4 分);

(3)将上面的整数和小数两部分加起来即为总尺寸(3 分)。

31. 答:用软布将量爪擦干净,使其并拢,查看游标和主尺身的零刻度线是否对齐(3 分)。如果对齐就可以进行测量,如果没有对齐则要记取零误差(3 分)。测量时,右手拿住尺身,大拇指移动游标,左手拿待测外径(或内径)的物体(2 分),使待测物位于外侧量爪之间,当与量爪紧紧相贴时就可以读数了(2 分)。

32. 答:压力机在使用时,各种活动部位都需要添加润滑剂(2 分),以保证压力机良好的润滑,使压力机能正常运转及工作(2 分)。润滑的主要作用是减少摩擦面之间的摩擦阻力和金属表面之间的磨损(3 分),还起到冲洗摩擦面间固体杂质和冷却摩擦表面的作用(3 分)。

33. 答:(1)立即将闸刀打开或将插头拔掉,切断电源(2 分);

(2)找不到开关或插头时,可用绝缘的物体将电线拨开,使触电者脱离电源(3 分);

(3)用绝缘工具切断电线来切断电源(3 分);

(4)遇高压触电事故,立即通过有关部门停电(2 分)。

34. 答:环境管理体系是一个组织内全面管理体系的组成部分(2 分),它包括为制定、实施、实现、评审和保持环境方针所需的组织机构、规划活动、机构职责、惯例、程序、过程和资源(5 分)。还包括组织的环境方针、目标和指标等管理方面的内容(3 分)。

35. 答:(1)采用建立管理体系的方式对职业健康安全绩效进行控制(2 分);

(2)采用 PDCA 循环管理(1.5 分);

(3)强调预防为主、持续改进以及动态管理(2 分);

(4)遵守法规的要求贯穿在体系的始终(1.5 分);

(5)要求全员参与(1.5 分);

(6)适用于各行各业,并作为认证的依据(1.5 分)。

剪切工(中级工)习题

一、填空题

1. 在外螺纹的画法中大径画成粗实线，小径画成(　　)。
2. 零件图除主要基准外，还有辅助基准，其辅助基准与主要基准间应有(　　)联系。
3. 选择定位基准时，应尽可能使定位基准与(　　)相重合。
4. 零件在加工工艺过程中所用的基准称为(　　)基准。
5. 用不去除材料方法获得的表面结构符号是(　　)。
6. 用去除材料方法获得的表面结构符号是(　　)。
7. 可用任何方法获得的表面结构符号是(　　)。
8. 形状公差是指(　　)实际要素所允许的变动全量。
9. 零件绕基准轴线做连续旋转时，沿整个被测表面上的跳动量为(　　)。
10. 标准公差是用来表示公差值的，即(　　)的大小。
11. 标准公差必须是国标表格(标准公差数值)中的，否则便是(　　)值。
12. 碳素结构钢 Q235 中的 Q 表示钢材的(　　)。
13. 铸造铝合金按加入主要合金元素的不同有不同的表示方法，加入铜元素的表示为(　　)。
14. ZCuSn10P1 是代表含锡(　　)，含磷 1%的铸青铜。
15. 钢的完全退火，又称(　　)退火，是将钢完全奥氏体化，细化晶粒，均匀组织。
16. 钢的淬硬性主要受(　　)的影响。
17. 将钢加热到 A_{c3} 线以上 30 ℃～50 ℃保温一定时间，从炉中取出在空气中冷却的工艺方法叫(　　)。
18. 正火的目的主要是去除材料的内应力和降低材料的(　　)。
19. 铸钢和铸铁的(　　)不同，在铸造时选择的浇注温度也不同。
20. 金属及合金在常温或高温时抵抗各种化学作用的能力称为(　　)性能。
21. 碳钢的综合机械性能比铸铁高，但其工艺性能中的(　　)却低于铸铁。
22. 细化零件的(　　)可以提高其疲劳强度。
23. 电解板的基材为(　　)。
24. 热轧板呈(　　)光泽，表面不易划伤，但是容易生锈。
25. 厚度允许偏差当规定负偏差为零时，其公称厚度即为允许(　　)厚度。
26. 非金属材料只用于(　　)工序的加工。
27. 以工序为单位简要说明产品或零件的加工过程的一种工艺文件称为工艺(　　)卡片。
28. 工艺卡片包括：工序号、工序名称、工序内容、(　　)、操作要求、设备、工艺装备。

29. 使板料或坯料的一部分和另一部分分开或局部分开的加工过程称为( )工序。

30. 在制定零件的机械加工工艺过程中,合理选择( )对保证零件精度、安排加工顺序有着决定性的影响。

31. 制定工艺规程的原则,是全面合理地加工出符合图样要求的零件,并充分注意技术的先进性和( )的合理性,且保证工人有良好而安全的劳动条件。

32. 电磁吸盘是一种利用( )电磁铁吸附工件的手用工具。

33. 取料和放料用的( )是用压缩空气为动力来夹取工件的手用工具。

34. 设计组合夹具时,要详细研究分析工件的加工工艺过程及其具体的( )。

35. 塞尺的测量精度为( )。

36. 钢直尺是一种最简单的( )直接读数量具。

37. 1 牛顿(N)=( )千克力(kgf)。

38. 1 bar=( )Pa。

39. 1 卡=( )焦。

40. 1 PS(马力)=( )kgf·m/s(千克力米每秒)。

41. 温度的基本单位是( )。

42. 1 ℃(摄氏度)=( )℉(华氏温度)。

43. 剪切机按用途主要分为剪板机、剪切冲型机、( )和型材剪断机。

44. 通用冲床中公称压力在( )以上的为大型冲床。

45. 双盘摩擦压力机滑块只能停在( ),没有中间位置,没有寸动。

46. 剪切设备用汉语拼音第一个字母( )表示。

47. 剪板机在剪切时,工作台承受刀片传给的( )和压料机构的压力。

48. 剪板机挡料装置应设有( )挡料器,以便剪切梯形或有角度的板料。

49. 剪板机的上下刀片用螺钉分别固定在( )及工作台面上。

50. 刀架上固定上刀片的螺钉孔可做成椭圆形,以随时调节其( )的大小。

51. 上传动剪板机采用( )摩擦离合器和制动器,具有寸动、单次和连续三种行程。

52. 液压剪板机在工作前要检查储油箱油量是否充足,启动油泵后要检查阀门、管路是否有( )现象。

53. 液压剪板机的主要特点是( )在全行程中保持不变。

54. 数控剪板机的产生依赖于数据载体和( )形式数据运算的出现。

55. 数控剪板机操作者送料的手指离剪刀口应保持最少( )以外的距离,并且离开压紧装置。

56. 可以加工多种型材和能进行冲孔、剪切板料的机床是( )机。

57. 联合剪冲机是由剪板、( )、冲孔三部分独立工作机构联合组成的机床。

58. 用于剪切直线条料的圆盘剪机滚刀是( )装置的。

59. 圆盘剪切是板料在上、下两个旋转方向( )的圆盘形刀刃中通过时进行剪切,它对板料的剪切长度可以不受限制。

60. 常用的机械传动龙门式剪机的特点是:结构( )、操作方便。

61. 龙门剪机开式传动的减速齿轮要保持有足够清洁的( ),如不足时要及时添加。

62. 液压升降平台是靠( )驱动的。

63. 液压升降机维护保养的时间规定是:升降机工作(　　)后,对机械、电气系统进行小修。

64. 液压升降机的故障一般分为两类,即电气故障和(　　)。

65. 液压系统主要由油泵、(　　)、控制调节元件和辅助元件组成。

66. 在机械工程中应用非常广泛,主要利用机械方式传递动力和运动的传动称为(　　)。

67. 机械传动有多种形式,主要可分为两类,即(　　)和啮合传动。

68. 气压传动是以(　　)为工作介质,靠气体的压力传递动力或信息的流体传动。

69. 平衡器的数量取决于被剪板宽,一般不少于(　　)个。

70. 弹簧平衡器的(　　)应与所使用工具的重量一致。

71. 等离子体切割是用(　　)等离子体将被切割的金属迅速局部加热到熔化状态,同时用高速气流将已熔化的金属吹掉而形成狭窄的切口。

72. 轴旋转时带动油环转动,把油箱中的油带到轴颈上进行润滑的方法称为(　　)。

73. 曲柄压力机的润滑分为(　　)和分散润滑两种。

74. 机械加工设备常用润滑油包括(　　)。

75. 不对称三辊卷板机上辊的旋转和升降,边辊的升降为(　　)传动。

76. 三辊卷板机从传动上分为机械式和(　　)两种。

77. 从卷板机的发展上来说,(　　)卷板机最高级。

78. 对于无主轴的数控机床,则以(　　)方向为 X 轴正向。

79. 数控机床的脉冲当量一般为(　　)。

80. 近代发展起来一种自动控制技术,是用数字化信号对机床运动及其加工过程进行控制的,这种技术称为(　　)。

81. 规定产品或零件的制造工艺过程和操作工艺方法的工艺文件书是(　　)。

82. 冲压件的具体加工是由冲压(　　)进行指导和控制的。

83. 生产准备周期(　　),成本低是编制工艺规程的原则。

84. 编制冲压工艺规程要对产品零件进行工艺分析,以确定产品零件是否适合(　　)的特点。

85. 编制冷冲压工艺规程时,首先要分析产品(　　),分析工艺性是否合理。

86. 在正式开始工作前,应该先将设备启动,空运转(　　)。

87. 剪切好的半成品或成品要按不同规格整齐堆放,不可随意乱放,以防止规格(　　)及受压变形。

88. 当钢板平面度超过 3 mm 时,需要(　　)后再进行剪切。

89. 在冷轧圆盘剪切边过程中,当剪刀间隙量大于 0.45 mm 时,会出现(　　)的情况。

90. 在冷轧圆盘剪切边过程中,当切边产生毛刺时,可以通过(　　)来解决。

91. 剪切断面的质量是指剪板机剪出光滑的成(　　)的板料断面。

92. 被剪板料的剪切精度和断面质量在很大程度上与刀架及机架上(　　)的结构有关。

93. 圆盘剪的剪刃重合量可以分为正重合、(　　)和零重合三种。

94. 在剪刃变钝的情况下,剪切边缘会产生(　　),并且造成尺寸不符。

95. 圆盘刃剪切是一对直径相同的圆盘刃,以同速(　　)转动来进行切割。

96. 圆盘刃剪切时当两圆盘刃的交错量调正到(　　),甚至两刃分开到一定数值,则这时板料可在刀片内自由转动,就能剪裁出曲线边缘的工件。

97. 振动剪切一般都用以剪切厚度为(　　)以下的直线或曲线的内外轮廓的板料。

98. 型材在与所切断面形状一样的特殊上、下剪刃中进行剪切的方法称为(　　)。

99. 飞剪在剪切过程中,剪刃的(　　)速度应该等于或稍大于轧制件的运动速度。

100. 飞剪在剪切过程中板料是运动的,所以一般采用(　　)进行剪切。

101. (　　)飞剪在剪切薄板中利用得较为广泛。

102. 在剪板机剪刃安装的过程中,当安装下剪刃时,其上平面应低于工作台的上平面(　　)为宜。

103. 由于剪刃用来剪切各种金属的板材、型材,所以要求剪刃除本身具有足够的强度外,还需具有足够的(　　)等性能。

104. 工作样板和校对样板的轮廓要(　　),要求透光均匀或不透光。

105. 样板检测工件时不需要专用的设备,常用的是(　　)和适当的光源。

106. 剪切面和切削速度方向的夹角叫做(　　)。

107. 指出了切削单元剪切的方向,是说明切削变形的重要参数之一的是(　　)。

108. 用挡料架定位的方法剪裁板材时需要将重的部分留在工作台上,目的是防止工件的(　　)。

109. 对于剪切定长的型材,一般都采用(　　)来固定长度尺寸。

110. 在连续裁剪中要想得到的块料基本上成直角,又能达到长度在允许的公差范围内,就必须设法防止板料跑斜和(　　)。

111. 开卷线缓和区的长度一般在(　　)的范围内变动。

112. 硬材料比软材料的搭边值(　　)。

113. 采用无废料排样进行冲裁,材料利用率最高,容易(　　)模具使用寿命。

114. 为了提高材料利用率,可以充分利用(　　)生产小件。

115. 剪板机的合理压料力应为剪切力的(　　)。

116. 卷料开卷前要用(　　)切断捆料铁带条。

117. 从开卷机出来的板料需要经过初步平整处理才可以提供剪裁,因此需要用(　　)对卷料进行初校平工作。

118. 用于初校平工作的校平机,其入口处必须设置(　　)装置,使卷料头能够正确地导入校平机。

119. 校平模一般采用(　　)模柄结构。

120. 校平机送料时应从(　　)取料,严禁从下面或中间取料,避免滑倒伤人。

121. 薄板工件模具的校平,一般采用(　　)进行压平。

122. 厚板工件模具的校平,一般采用带有(　　)的校平模校压。

123. 尖齿形校正模适用于表面允许留有(　　)的工件。

124. 校平机校平时应该保证其进口侧为完全塑性变形,出口侧为完全(　　)变形。

125. 板料校平机是由多个(　　)组成,每根上辊分别安装在单片梁上,中间装有支承辊。

126. 板料校平机上辊除了具有其他矫平机能平行和倾斜的功能外,还能进行(　　)排布。

127. 离合器和制动器,两者是(　　)和协调工作的关系。

128. 利用钢铁材料在磨削过程中产生的物理化学现象判断其化学成分的方法称为钢铁材料(　　)鉴别法。

129. 火花鉴别时，中碳钢的流线细长且多，流线尾部和中部有(　　)，爆花比低碳钢多，花型大，有一次花和二次花，附少量花粉。

130. 火花鉴别时，碳素钢随着(　　)增加，流线形式由挺直转向抛物线，流线逐渐增多。

131. 矫直按照被矫轧件的温度可以分为热矫直和(　　)。

132. 制件在板料、条料或带料上的布置方法称作(　　)。

133. 钢丝绳不能使其锐角曲折、被压、砸而成扁平，注意检查钢丝绳是否顺直，若出现(　　)现象应立即纠正。

134. 多个吊装带被同时使用起吊负载，必须选用(　　)的吊装带。

135. 选择吊装带规格时，在给出极限工作力要求的同时还必须考虑(　　)和负载的种类。

136. 剪切力是一种特殊形式的(　　)。

137. 排样是制定(　　)不可缺少的内容。

138. 千分尺是依据(　　)的原理制成的，即螺杆在螺母中旋转一周，螺杆便沿着旋转轴线方向前进或后退一个螺距的距离。

139. 千分尺的分度值为(　　)。

140. 万能角度尺的刻线原理即是(　　)原理。

141. 数控开卷线系统出现电磁阀两端无信号的排除方法是(　　)。

142. 液压传动摆式剪板机出现自动剪切，时进时停故障时要检查线路是否(　　)。

143. 校平机轴承在连续的“哗哗”声中发出均匀的周期性“嘀罗”声时应该(　　)。

144. 使用水平仪时，应预先检查水平仪的零位是否正确，如不正确，对于可调水平仪，应调整(　　)。

145. 使用千分表前，应检查测杆移动是否灵活，指针是否都(　　)。

146. 千分表的主要缺点是回程(　　)。

147. 用框式水平仪可以测量构件在垂直平面内的直线度误差和相关件的(　　)度误差。

148. 框式水平仪的两个(　　)测量面是测量精度的基准，在测量中不能与工件的粗糙面接触或摩擦。

149. 框式水平仪不但能够检验平面对水平位置的偏差，还可以检验平面对(　　)位置的偏差。

150. 框式水平仪测量时必须等气泡完全(　　)后才可以读数。

151. 框式水平仪的主气泡管供(　　)用，副气泡管供横向水平位置的参考。

152. 进行单次剪切时，踩动脚踏板或脚踏横管以后，随即抬起，避免引起(　　)。

153. 剪切设备应由(　　)操作，多人作业时要注意协调配合。

154. 事故分析三不放过是责任不清不放过；群众没受教育不放过；没有(　　)措施不放过。

155. 温度一定时导体的电阻大小与导体的(　　)无关。

156. 5S活动的核心是(　　)。

157. 标准化是指制定标准，贯彻标准、修定标准的(　　)过程。

158. 国际标准化组织的简称是(　　)。

159. 质量管理重点是把“产品质量管理”转到“(　　)质量管理”。

160. 质量管理体系是组织内部建立的、为实现(　　)所必需的、系统的质量管理模式，是组织的一项战略决策。

161. ISO 9000 是国际上通用的(　　)。

162.(　　)是质量管理体系的精神，是指增强满足要求的能力的循环活动。

163. 环境管理体系审核是指组织内部对环境管理体系的审核，是组织的自我检查与(　　)。

164. 可能导致伤害或疾病、财产损失、工作环境破坏或这些情况组合的根源或状态的是(　　)。

165. 识别危险源的存在并确定其特性的过程，叫(　　)。

166. TQC 是(　　)的简称。

二、单项选择题

1. 在内螺纹剖视图的画法中，螺纹终止线用(　　)画。

(A)点画线　(B)细实线　(C)粗实线　(D)双点画线

2. 在剖视图中，齿根线用(　　)表示。

(A)细实线　(B)虚线　(C)点画线　(D)粗实线

3. 螺旋弹簧的有效圈数在(　　)圈以上，其中间部分可以省略，只画两端的第一、第二圈。

(A)4　(B)5　(C)6　(D)8

4. 在螺栓的规定画法中，小径是大径的(　　)倍。

(A)0.3　(B)0.5　(C)0.8　(D)1.0

5. 在零件图的尺寸标注中，要求避免注成(　　)的尺寸链。

(A)半封闭　(B)封闭　(C)敞开　(D)任意

6. 尺寸界线用(　　)绘制，并应由图形的轮廓线、轴线、中心线处引出，也可利用它们作尺寸界线。

(A)粗实线　(B)双折线　(C)双点画线　(D)细实线

7. 粗线宽度应按图形大小和复杂程度，在(　　)mm 范围内选择。

(A)0.5～1　(B)0.5～2　(C)0.6～1.2　(D)0.6～1.5

8. 技术要求——说明零件在制造和(　　)时应达到的一些要求。

(A)运输　(B)转序　(C)检验　(D)包装

9. 技术要求可以标注在图形上，也可以用简短的(　　)分条标写在图纸下方的空白处。

(A)文字　(B)符号　(C)代号　(D)数字

10. 图样上给定的每一个尺寸和形状、位置要求均是独立的，需要分别满足要求的原则称为(　　)。

(A)独立原则　(B)相关原则　(C)包容原则　(D)最大实体原则

11. 在第一道工序中，只能选择未加工毛坯表面作为定位基准，这种定位表面称为(　　)基准。

(A)粗　(B)精　(C)设计　(D)装配

12. 选择粗基准时，应选择毛坯余量上最小的表面，要选择那些重要表面本身作粗基准；粗基准的表面应(　　)。

(A)光滑　(B)够大　(C)质量好　(D)尽量平整

13. 选择已加工表面作定位基准，称为(　　)基准。其选择与工件的加工质量、安装是否方便、可靠有密切关系。

(A)粗　(B)精　(C)设计　(D)装配

14. 表面结构代号中数字的单位是(　　)。

(A)dm　(B)cm　(C)mm　(D)μm

15. 关联实际要素的位置对基准所允许的变动全量的是(　　)。

(A)形状公差　(B)几何公差　(C)位置公差　(D)面轮廓线

16. 相对于基准来说，绕基准轴线回转一周或连续回转时所允许的最大跳动量称为(　　)。

(A)定向公差　(B)几何公差　(C)定位公差　(D)跳动公差

17. 表示零件上的点、线、面等要素相对其理想位置的准确状况的是(　　)。

(A)位置度　(B)垂直度　(C)平行度　(D)对称度

18. 表示零件上圆柱面外形轮廓上各点对其轴线保持等距的状况的是(　　)。

(A)直线度　(B)面轮廓度　(C)平行度　(D)圆柱度

19. 在几何公差代号的标注方法中，当被测要素为线或表面时，指引线的箭头应指在该要素的轮廓线或其引出线上，并应明显地与尺寸线(　　)。

(A)平行　(B)垂直　(C)错开　(D)重合

20. 几何公差代号"○"代表(　　)。

(A)圆度　(B)同轴度　(C)面轮廓度　(D)圆柱度

21. 标准公差用符号(　　)表示，后面的数字是公差等级代号。

(A)T　(B)IT　(C)H　(D)h

22. 标准公差的大小与公差等级有关，国家标准将公差等级分为(　　)级。

(A)20　(B)18　(C)16　(D)15

23. 下列标准公差中(　　)公差等级最高。

(A)IT20　(B)IT18　(C)IT01　(D)IT1

24. GCr15 表示(　　)。

(A)合金结构钢　(B)滚动轴承钢　(C)合金工具钢　(D)碳素工具钢

25. 纯铝按其纯度分为高纯铝、工业高纯铝和工业纯铝三类。其化学符号为(　　)。

(A)Na　(B)Mg　(C)Al　(D)Ag

26. 合金元素的总含量大于 10%的钢称为(　　)。

(A)高合金钢　(B)中合金钢　(C)低合金钢　(D)碳素钢

27. 5083 铝板中镁元素的含量为(　　)。

(A)4.0～4.9　(B)3.0～3.9　(C)2.0～2.9　(D)1.0～1.9

28. 钢的去应力退火，加热温度大约是(　　)。

(A)200 ℃～300 ℃　(B)400 ℃～600 ℃

(C)500 ℃～650 ℃　(D)600 ℃～800 ℃

29. 工件在弯曲变形时，易产生裂纹，此时可采用热处理方法(　　)来解决。

(A)调质 (B)淬火 (C)回火 (D)退火

30. 将钢加热到 A_{C3} 以上 30 ℃～50 ℃，保温一定时间，然后随炉缓慢冷却，这种退火方法称为(　　)。

(A)正火 (B)完全退火 (C)球化退火 (D)去应力退火

31. 对于退火难以软化的某些合金钢，在淬火(或正火)后常采用(　　)使钢中碳化物适当聚集，将硬度降低，以利于切削加工。

(A)低温回火 (B)中温回火 (C)高温回火 (D)多次回火

32. 淬火是将材料加热到某一温度范围保温，然后以(　　)的速度冷却到室温。

(A)缓慢 (B)慢 (C)较快 (D)非常慢

33. 金属材料淬火硬度的常用表示方法为(　　)。

(A)HRC (B)HB (C)HV (D)HRA

34. 低温回火的加热温度应在(　　)范围内。

(A)100 ℃～200 ℃ (B)150 ℃～250 ℃

(C)200 ℃～300 ℃ (D)250 ℃～350 ℃

35. 高温回火的加热温度应在(　　)范围内。

(A)250 ℃～400 ℃ (B)300 ℃～450 ℃

(C)350 ℃～500 ℃ (D)400 ℃～650 ℃

36. 低温回火所得到的组织是回火(　　)。

(A)屈氏体 (B)索氏体 (C)马氏体 (D)贝氏体

37. 制造内燃机阀门的金属材料应具备很好的(　　)。

(A)可铸性 (B)可焊性 (C)耐热性 (D)导电性

38. 对在腐蚀介质中工作的机械零件，可选用耐蚀性较好的(　　)来制造。

(A)不锈钢 (B)模具钢 (C)工具钢 (D)量具钢

39. 金属材料的(　　)是指金属材料经过锻压加工后，可改变自己的形状而不产生裂纹的性能。

(A)可锻性 (B)耐酸性 (C)可焊性 (D)可铸性

40. 09CuPCrNi 钢的抗拉强度要比 Q235 钢的抗拉强度(　　)。

(A)一样 (B)稍低 (C)稍高 (D)较低

41. 酸洗表面钢板的公称厚度为 1.2～6.0 mm 时，其公称宽度为(　　)mm。

(A)120～900 (B)800～1 850

(C)650～1 000 (D)500～1 250

42. 石墨属于(　　)。

(A)有机非金属材料 (B)无机非金属材料

(C)新型非金属材料 (D)传统非金属材料

43. 指导工人操作和用于生产、工艺管理的各种技术文件是(　　)。

(A)工艺过程 (B)工艺文件 (C)工艺路线 (D)工艺规程

44. 使材料产生局部变形，以改变零件或毛坯形状的冲压工艺称为(　　)。

(A)成形 (B)变形 (C)分离 (D)弯曲

45. 正确选择毛坯具有重大的技术经济意义，因为毛坯的(　　)及其不同的制造方法，对零件工艺过程的经济性有很大影响。

(A)大小　(B)质量　(C)种类　(D)形状

46. 制定工艺规程时,首先必须认真研究原始资料,如产品图样、生产纲领、毛坯资料以及现有设备和(　　)的状况等。

(A)卡具　(B)模具　(C)钻模　(D)工艺装备

47. 制定工艺规程时,应参照国内外同行业工艺技术发展情况,结合本部门已有的生产实践经验,进行工艺(　　)。

(A)文件的编制　(B)改进　(C)分析　(D)研制

48. 编制冲压工艺规程时,要初步定出工序的数量以及工序的集中与分散(　　)。

(A)方案　(B)工序　(C)程序　(D)制定

49. 根据工件图纸尺寸、精度、公差、技术要求等设计资料和工艺分析,结合现场生产实际,即可拟定夹具的(　　)。

(A)结构方案　(B)制造方案　(C)加工方案　(D)锻造方案

50. 对夹具来说,夹紧力应适当,既能夹紧工件又不致把工件表面夹坏或产生不允许的(　　)。

(A)弯曲　(B)变形　(C)翘曲　(D)缺陷

51. 卡规的"止规"用来控制轴的(　　)尺寸。

(A)最大极限　(B)公差　(C)最小极限　(D)实际

52. 正确选择测量方法的实质就是正确选择(　　)。

(A)测量环境　(B)测量人员

(C)量具和计量仪器　(D)测量定位

53. 在量具量仪的选用原则中,计量器具的精度等级必须按(　　)选用。

(A)装配要求　(B)被测件的尺寸公差

(C)被测件的大小　(D)被测件的形状

54. 力的基本单位是(　　)。

(A)kgf(千克力)　(B)dyne(达因)　(C)tf(吨力)　(D)N(牛顿)

55. 1 N(牛顿)=(　　)dyne(达因)。

(A)10^5　(B)10^4　(C)10^6　(D)10^3

56. 1 tf(吨力)=(　　)N(牛顿)。

(A)9.81×10^4　(B)9.81×10^6　(C)9.81×10^3　(D)9.81×10^5

57. 压力的基本单位是(　　)。

(A)Pa　(B)kgf/cm^2　(C)kgf/mm^2　(D)汞柱

58. 1 MPa=(　　)kgf/cm^2。

(A)1　(B)10^2　(C)10^3　(D)10

59. 1 MPa=(　　)kgf/mm^2。

(A)10^2　(B)10^{-1}　(C)10　(D)10^{-2}

60. 1 J(焦耳)=(　　)erg(尔格)。

(A)10^5　(B)10^7　(C)10^{10}　(D)10^8

61. 1 kW·h(千瓦时)=(　　)J(焦耳)。

(A)3.6×10^{13}　(B)3.6×10^{8}　(C)3.6×10^{6}　(D)3.6×10^{9}

62. 功率的基本单位是(　　)。

(A)PS(马力)　(B)W(瓦特)

(C)cal/s(卡每秒)　(D)kcal/h(千卡每小时)

63. 1 kW(千瓦)=(　　)erg/s(尔格每秒)。

(A)10^{10}　(B)10^{6}　(C)10^{8}　(D)10^{9}

64. 摄氏温度 t 与绝对温度 T 的关系是(　　)。

(A)$T=t+283.15$　(B)$T=t+263.15$　(C)$T=t+253.15$　(D)$T=t+273.15$

65. 1 K(绝对温度)=(　　)°R(兰氏温度)。

(A)$\frac{7}{9}$　(B)$\frac{5}{9}$　(C)$\frac{5}{8}$　(D)$\frac{8}{9}$

66. 在直角三角形中 α 的正弦=(　　)。

(A)$\frac{\alpha\text{ 角的邻边}}{\text{斜边}}$　(B)$\frac{\alpha\text{ 角的对边}}{\text{斜边}}$　(C)$\frac{\alpha\text{ 角的对边}}{\alpha\text{ 角的邻边}}$　(D)$\frac{\alpha\text{ 角的邻边}}{\alpha\text{ 角的对边}}$

67. 在任意的三角形中有 $\cos A=$(　　),其中 a、b、c 为其三条边,A、B、C 为其三内角。

(A)$\frac{b^2+c^2+a^2}{2bc}$　(B)$\frac{b^2+c^2+a^2}{2ac}$　(C)$\frac{b^2+c^2-a^2}{2ab}$　(D)$\frac{b^2+c^2+a^2}{2bc}$

68. 冲压液压机主要有(　　)。

(A)五种　(B)四种　(C)三种　(D)两种

69. 闭式冲床的公称压力较大,一般在(　　)kN 以上。

(A)1 000～2 000　(B)2 000～4 000

(C)1 600～16 000　(D)500～1 000

70. 通用小型冲床的公称压力为(　　)。

(A)大于 1 000 kN　(B)小于 1 000 kN　(C)等于 1 000 kN　(D)小于 500 kN

71. 压力机的公称压力应大于冲压时的(　　)。

(A)冲裁力　(B)压边力　(C)总力　(D)退料力

72. 冲压设备的型号是按照有关标准规定,用(　　)和数字表示。

(A)汉语拼音字母　(B)英语字母　(C)汉字　(D)数字

73. 冲床的工作特点是(　　)经常起动和停止。

(A)电动机　(B)高速部分　(C)低速部分　(D)中间传动

74. 双盘摩擦压力机可以用于精压、校正、压印、板料冲压,还可以用于(　　)材料的生产。

(A)保温　(B)耐火　(C)建筑　(D)耐蚀

75. 液压压力机的代号是用汉语拼音的第一个字母(　　)表示。

(A)"Q"　(B)"J"　(C)"Y"　(D)"W"

76. 机械压力机的代号是用汉语拼音的第一个字母(　　)表示。

(A)"Q"　(B)"J"　(C)"Y"　(D)"W"

77. 联合剪冲机属于(　　)。

(A)曲柄压力机　(B)机械压力机　(C)剪切机　(D)液压机

78. 当被剪板料厚度大于 6.3 mm 时,基本上采用(　　)结构。

(A)上传动　(B)下传动　(C)左传动　(D)右传动

79. 整体焊接结构的摆动刀架多数用于(　　)剪板机。

(A)上轴式　(B)侧轴式　(C)液压　(D)液压-机械传动

80. 刀架沿弧线运动的剪板机,上刀片只有(　　)个刃口。

(A)1　(B)2　(C)3　(D)4

81. 液压剪板机在工作时打开电源按下“油泵启动按钮”,电机开始运转,半分钟后电机达到额定转数后,选择(　　)行程作空行程试验。

(A)寸动　(B)单次　(C)连续　(D)双次

82. 圆盘剪主要用于剪裁条料、圆形坯料和环形坯料的剪切下料,剪切时两圆盘剪刀的轴线斜角 $\gamma=$(　　)。

(A)30°～40°　(B)10°～20°　(C)70°～80°　(D)50°～60°

83. 主要用于大型机床上料、下料的升降平台是(　　)。

(A)车载式升降平台　(B)拖拉式升降平台

(C)固定式升降平台　(D)可驾驶式升降平台

84. 方向控制阀有单向和换向两类,可用来控制油流的(　　),限制、切断或接通油流。

(A)方向　(B)流量　(C)压力　(D)顺序

85. 平衡器的安装应该与垂线(　　),这样可以保证刀架导轨面始终贴紧机架的导轨面。

(A)平行　(B)垂直　(C)倾斜一定角度　(D)无关系

86. 激光加工就是利用材料在激光照射下瞬时急剧熔化和气化,并产生强烈的(　　),使熔化物质爆炸式地喷溅和去除。

(A)辐射　(B)冲击波　(C)雾化　(D)对流

87. 激光可用于金刚石拉丝模、钟表、宝石、轴承、陶瓷、玻璃等非金属和硬质合金、不锈钢等金属材料的(　　)加工。

(A)深孔　(B)小孔　(C)盲孔　(D)沉孔

88. 等离子切割一般采用较便宜、较安全的(　　)气体。

(A)氢气　(B)氮气　(C)氩气　(D)氦气

89.润滑方法的分类中,装填密封润滑属于(　　)。

(A)油润滑　(B)脂润滑　(C)固体润滑　(D)气体润滑

90. 润滑油中使用最广泛的是(　　)。

(A)植物油　(B)动物油　(C)合成油　(D)矿物油

91. 四辊卷板机,(　　)辊是主动辊。

(A)上　(B)下　(C)左侧　(D)右侧

92. 冲压加工与其他加工方法相比,(　　)是其优点。

(A)低效低耗　(B)低效高耗　(C)高效高耗　(D)高效低耗

93. 数控机床采用的坐标系为(　　)。

(A)左手直角坐标系　(B)右手直角坐标系

(C)三角投影坐标系　(D)按机床运动方向

94. 数控机床国际上广泛使用的是(　　)标准。

(A)ISO (B)EIA (C)GB (D)JB

95. 数控机床坐标系,X 轴是由( )代表。

(A)右手拇指 (B)左手拇指 (C)右手中指 (D)左手中指

96. 数控机床加工精度一般在( )mm 之间。

(A)0.005~0.100 (B)0.001~0.010

(C)0.050~0.100 (D)0.100~1.000

97. 世界第一台数控机床的样机是( )年试制成功的。

(A)1949 (B)1950 (C)1952 (D)1954

98. 我国机床行业于 20 世纪( )研制出了数控机床。

(A)40 年代末 50 年代初 (B)50 年代末 60 年代初

(C)60 年代末 70 年代初 (D)70 年代末 80 年代初

99. 数控机床到现在已发展了( )代。

(A)3 (B)4 (C)5 (D)6

100. 冲压生产中各工序所用设备的型号和规格是( )规定的。

(A)设备管理 (B)工艺规程 (C)生产需要 (D)工厂及车间领导

101. 冲压生产中原材料的牌号、规格、毛坯尺寸及排样图是由( )规定的。

(A)产品设计 (B)物资管理 (C)工艺规程 (D)车间成本

102. 确定工时定额及计算单位成本是根据( )。

(A)产品设计图 (B)产品或零件的实际加工

(C)有关人员的核算 (D)工艺规程

103. 按年产量确定工人数量、设备数量及设备利用率,是根据( )确定的。

(A)设备管理 (B)工艺规程 (C)生产组织 (D)工时定额

104. 冲压工艺规程是冲压生产全过程的( )文件。

(A)工艺过程 (B)工序 (C)指导性 (D)操作要求

105. 编制的工艺规程必须保证工人具有良好而( )的劳动条件。

(A)舒适 (B)干净 (C)清洁 (D)安全

106. 通过核算或评比选择经济上最合理的方案,以便保证产品( )。

(A)质量最高 (B)成本最低 (C)加工速度 (D)安全生产

107. 工艺路线制定以后,即应为每一工序选择( )和工艺装备,并确定工序尺寸及其公差。

(A)刀具 (B)量具 (C)机床 (D)工具

108. 加工前应按产品图样或(和)工艺规程复核工件毛坯或半成品是否符合要求,发现问题应及时向有关人员反映,待问题解决后才能( )。

(A)核实 (B)确定 (C)报废 (D)进行加工

109. 加工前应按工艺规程要求准备好加工所需的全部工艺装备,发现问题及时处理。对新夹具、模具等,要先熟悉其使用要求和( )。

(A)操作方法 (B)技术规范 (C)夹具结构 (D)模具性能

110. 加工前加工所用的工艺装备应放在规定的位置,不得乱放,更不能放在( )。

(A)机床上 (B)工件上 (C)毛坯上 (D)机床导轨上

111. 剪板机刀片的直线度一般规定为(　　)。

(A)0.02　　(B)0.03　　(C)0.04　　(D)0.05

112. 为了保证圆盘刃能正常进行工作,在剪切钢材时,其最大剪切角的值应(　　)。

(A)大于14°　　(B)小于14°　　(C)等于14°　　(D)都可以

113. 振动剪切上剪刃与下剪刃的相对倾斜夹角一般为(　　)。

(A)5°～10°　　(B)10°～20°　　(C)20°～30°　　(D)30°～40°

114. 一般型钢剪机的刀架做成倾斜(　　)角。

(A)15°　　(B)30°　　(C)45°　　(D)75°

115. 回转式飞剪的每把刀片都是沿着近于圆周的复杂曲线运动,并且剪切时刀片(　　)于板材表面。

(A)相交　　(B)平行　　(C)垂直　　(D)成45°角

116. 用来测量工件表面轮廓形状和尺寸的样板是(　　)。

(A)标准样板　　(B)划线样板　　(C)测量样板　　(D)校对样板

117. 在保证切削刃强度的前提下,增大(　　)对改善切削过程是有利的。

(A)前角　　(B)后角　　(C)摩擦角　　(D)剪切角

118. 控制剪裁长度尺寸的方法中操纵对线较为困难,效率也较低的方法是(　　)。

(A)限位法　　(B)划线法　　(C)数控法　　(D)数控法和划线法

119. 为了提高材料的利用率,主要是要减少(　　)。

(A)设计废料　　(B)结构废料　　(C)工艺废料　　(D)试模材料

120.薄板工件的校平主要是依靠上下两块平模板,使表面不平整的工件产生(　　)变形,以达到提高工件表面平整度的目的。

(A)正向的弯曲　　(B)反向的弯曲　　(C)拉伸　　(D)压缩

121. 带有齿尖的校平模,其校平的效果要比不带齿尖的校平模(　　)。

(A)好　　(B)一般　　(C)较好　　(D)较差

122. 校平模具材料一般选用(　　)。

(A)Q235　　(B)T8A　　(C)06Cr19Ni10　　(D)ZG230-450

123. 摩擦面露在空气中的离合器和制动器是(　　)。

(A)湿式　　(B)干式　　(C)浮动镶块式　　(D)圆锥式

124. 离合器装配时必须保证两半离合器的(　　)。

(A)平行度　　(B)垂直度　　(C)同轴度　　(D)对称度

125. 火花鉴别时,在流线尾部末端所呈现的特殊形式的火花统称为(　　)。

(A)流线　　(B)节点　　(C)爆花　　(D)尾花

126. 火花鉴别时,低碳钢的流线粗、稀,爆花少且多呈(　　)花,芒线粗、长并有明亮的节点。

(A)一次　　(B)两次　　(C)三次　　(D)多次

127. 级进冲裁排样时,切断工序应该安排在(　　)工位。

(A)最后　　(B)中间　　(C)第一个　　(D)第二个

128. 钢丝绳要定期涂保护油,对长期工作的钢丝绳,至少每隔(　　)涂一次保护油。

(A)4个月　　(B)5个月　　(C)6个月　　(D)7个月

129. 适合于捆绑物件时使用的钢丝绳是(　　)。

(A)金属蕊钢丝绳 (B)石棉蕊钢丝绳
(C)棉蕊钢丝绳 (D)纤维蕊钢丝绳

130. 起重机械和起重作业中广泛采用(　　)钢丝绳。
(A)混合绕 (B)顺绕 (C)交绕 (D)逆绕

131. 起重作业中,常用的麻绳为(　　)。
(A)混合绳 (B)黄麻绳 (C)白综绳 (D)白纱绳

132. 薄板弯曲件简单经验展开计算是(　　)。
(A)工件外皮尺寸相加 (B)工件里皮尺寸相加
(C)中性层尺寸相加 (D)直线加圆弧尺寸

133. 高度游标尺的读数值一般为(　　)mm。
(A)0.01 (B)0.02 (C)0.1 (D)0.2

134. 两侧砧面的测量面做成两个相互平行的圆的千分尺是(　　)。
(A)内测千分尺 (B)杠杆千分尺 (C)壁厚千分尺 (D)公法线千分尺

135. 千分尺是一种(　　)量具。
(A)简单 (B)中等 (C)精密 (D)精密复杂

136. 螺纹千分尺只能测量(　　)的螺纹。
(A)低精度 (B)中精度 (C)高精度 (D)超高精度

137. 千分尺上(触感)棘轮的作用是(　　)。
(A)按一定数值调整表 (B)限制测量力
(C)标正千分尺 (D)偿热膨胀

138. 用千分尺测量时,如测小件,比较方便的操作是将被测件放在(　　)。
(A)左手 (B)右手 (C)虎钳上 (D)平台上

139. 用千分尺测量大件时,要把被测件安放稳妥后,左手拿千分尺方架,用右手(　　)。
(A)拧动微动螺杆 (B)拧动手柄 (C)拧动螺母 (D)扶被测件

140. 如果千分尺与被测面接触正确妥帖,等棘轮一发生(　　)声音就可以计数。
(A)"咔" (B)"咔咔" (C)"咔咔咔" (D)"咔咔咔咔"

141. 在万能角度尺中,直尺与(　　)连成一体。
(A)刻度盘 (B)扇形板 (C)游标 (D)角尺

142. 合像水平仪的测量范围为 0～±0.5 mm/m 或 0～±10 mm/m,最小分度值为(　　)mm/m。
(A)0.01 (B)0.5 (C)0.1 (D)0.2

143. 使用水平仪的方法是,将水平仪放在工件表面同一位置上调换(　　)后,根据气泡移动的特点进行判断。
(A)45° (B)120° (C)180° (D)90°

144. 普通水平仪处在水平位置时,气泡应在(　　)位置。
(A)玻璃管中间 (B)气泡偏离玻璃管中间的某一位置
(C)玻璃管的最低点 (D)直到看不见气泡为止

145. 刻度值 0.02 mm/1 000 mm 的水平仪,当水泡移动一个格时,其水平仪工作面倾斜(　　)。

(A)2″　(B)4″　(C)5″　(D)6″

146. 千分表非长期保存,对测量杆不允许涂油,不要拿压测量杆,以免(　　)。

(A)检测不准　(B)损坏　(C)影响精度　(D)变形

147. 千分表的用途、结构型式、工作原理与百分表相同,只是用于(　　)。

(A)更精密的测量　(B)小型件测量　(C)大型件测量　(D)导轨测量

148. 千分表是测量精度比百分表测量精度高的精密量具,它比百分表多(　　)齿轮。

(A)1 个　(B)1 对　(C)3 个　(D)2 对

149. 框式水平仪框架的测量面上制成 V 形槽状,以便放置在(　　)的表面上。

(A)圆柱形　(B)长方形　(C)矩形　(D)菱形

150. 当框式水平仪在水平或垂直位置时,气泡处于玻璃管的(　　)位置。

(A)左侧　(B)两边　(C)中央　(D)右侧

151. 框式水平仪倾斜一个角度,气泡就向左或向右移动到(　　)。

(A)最高点　(B)中上点　(C)最低点　(D)中下点

152. 水平仪是利用液体作(　　),从气泡移动方向和移动位置就可以读出被测表面相对于水平位置的角度偏差。

(A)水平基准　(B)原始基准　(C)测量基准　(D)划线基准

153. 水平仪的刻度值是指气泡(　　)一格刻度时,水平仪所需倾斜角的大小。

(A)移动　(B)运动　(C)摆动　(D)平动

154. 水平仪通过气泡的移动位置和移动方向会读出被测表面相对于水平位置的(　　)。

(A)位置公差　(B)位置偏差　(C)上下偏差　(D)角度偏差

155. 若水平仪零位调整正确,被测平面不(　　),则水平仪气泡偏于零线的一侧。

(A)平行　(B)垂直　(C)竖直　(D)水平

156. 若水平仪气泡处于中间对称位置,则说明被测平面在水平仪长度范围内处于(　　)位置。

(A)竖直　(B)平行　(C)水平　(D)垂直

157. 数控开卷线矫辊轴承的润滑方式为(　　)。

(A)箱体内　(B)油枪注　(C)开盖加入　(D)手动润滑泵

158. 数控开卷线矫平机润滑部分的润滑周期为(　　)。

(A)6 个月　(B)每班 3 次　(C)每班 4 次　(D)2 个月

159. 数控开卷线滚道轴承座的润滑方式为(　　)。

(A)箱体内　(B)油枪注　(C)开盖加入　(D)手动润滑泵

160. 在安全色中,红色代表(　　)。

(A)停止、禁止　(B)警告　(C)注意　(D)指令必须遵守的规定

161. 选择钢丝绳时一定要有的是(　　)。

(A)股数　(B)根数　(C)表面光洁度　(D)安全系数

162. 一般来说,(　　)mA 以下的工频交流可以看成为安全电流。

(A)5　(B)10　(C)20　(D)30

163. 一般来说,(　　)mA 以下的直流电流可以看成为安全电流。

(A)30　(B)40　(C)50　(D)60

164. 区分要与不要的物品，现场只保留必须的物品称为(　　)。
(A)整理　(B)整顿　(C)清洁　(D)清扫
165. 狭义质量是(　　)。
(A)产品质量　(B)工作质量　(C)质量要求　(D)使用价值
166. 企业或其他组织对其环境因素进行管理所取得的可测量结果称为(　　)。
(A)环境方针　(B)环境绩效　(C)环境管理水平　(D)环境管理要素
167. 绩效测量和监视主要是对(　　)的结果进行监测和检查的过程。
(A)危险源辨识　(B)运行控制　(C)风险评价　(D)风险控制的策划

三、多项选择题

1. 几何作图中的尺寸包括(　　)。
(A)定形尺寸　(B)假想尺寸　(C)定位尺寸　(D)封闭尺寸
2. 在单个直齿圆柱齿轮的画法中，用细点画线绘制的是(　　)。
(A)齿轮大径　(B)分度圆　(C)分度线　(D)齿根线
3. 对于零件图尺寸标注的要求，下列说法错误的是(　　)。
(A)可标可不标的不用标　(B)部分标注就可
(C)不用计较合理性　(D)正确、完整、清晰、合理
4. 粗实线一般应用在(　　)上。
(A)不可见轮廓线　(B)可见轮廓线　(C)可见过渡线　(D)辅助线
5. 关于零件图的尺寸标注下列说法正确的是(　　)。
(A)尺寸界线一般应与尺寸线垂直，必要时才允许倾斜
(B)通过测量得到的尺寸是实际尺寸
(C)尺寸线用粗实线绘制
(D)图样上的尺寸要标注得符合国家标准的规定
6. 零件图的技术要求包括(　　)。
(A)表面结构　(B)尺寸公差　(C)几何公差　(D)材料及热处理
7. 尺寸基准分为(　　)。
(A)设计基准　(B)工艺基准　(C)定位基准　(D)测量基准
8. 工艺基准按其用途不同分为(　　)。
(A)工序基准　(B)测量基准　(C)定位基准　(D)装配基准
9. 几何公差的类型主要有(　　)。
(A)形状公差　(B)方向公差　(C)位置公差　(D)跳动公差
10. 下列项目表示位置公差的是(　　)。
(A)平行度　(B)对称度　(C)平面度　(D)同轴度
11. 下列项目表示形状公差的是(　　)。
(A)倾斜度　(B)圆柱度　(C)线轮廓度　(D)直线度
12. 零件几何要素按存在状态可分为(　　)。
(A)基准要素　(B)理想要素　(C)中心要素　(D)实际要素
13. 零件几何要素按几何特征可分为(　　)。

(A)理想要素　(B)轮廓要素　(C)中心要素　(D)实际要素

14. 对于几何公差框格的第一格表示的内容下列说法错误的是(　　)。

(A)形位项目符号　(B)几何公差数值及有关符号

(C)基准代号字母和有关符号　(D)公差带符号

15. 标注几何公差时，基准代号由(　　)组成。

(A)基准符号　(B)圆圈　(C)连线　(D)字母

16. 标准公差与公差等级和(　　)无关。

(A)基本尺寸　(B)实际尺寸　(C)极限尺寸　(D)尺寸偏差

17. 下列钢材的表示方法属于碳素工具钢的是(　　)。

(A)T8A　(B)Y30　(C)T10　(D)Y40Mn

18. 我国的钢材表示方法，根据国家标准《钢铁产品牌号表示方法》(GB 221—79)中规定，采用(　　)相结合的方法表示。

(A)罗马数字　(B)汉语拼音字母　(C)化学元素符号　(D)阿拉伯数字

19. 有色金属是指除(　　)以外的所有金属及其合金。

(A)铁　(B)铝　(C)锰　(D)铬

20. 关于ZG230-450，下列说法正确的是(　　)。

(A)抗拉强度为 230 MPa　(B)屈服强度为 230 MPa

(C)抗拉强度为 450 MPa　(D)屈服强度为 450 MPa

21. 下列关于奥氏体不锈钢 06Cr19Ni10 说法正确的是(　　)。

(A)含碳约 0.6%　(B)含碳约 0.06%　(C)含铬约 19%　(D)含铬约 1.9%

22. 给冲压材料退火的目的是(　　)。

(A)降低硬度　(B)提高塑性

(C)便于材料间塑性变形　(D)提高硬度

23. 淬火的目的是使钢得到(　　)组织，从而提高钢的硬度和耐磨性。

(A)奥氏体　(B)贝氏体　(C)屈氏体　(D)马氏体

24. 对高碳含量的钢，淬火的目的是获得(　　)。

(A)高硬度　(B)高耐磨性　(C)高韧性　(D)高强度

25. 调质处理是指(　　)。

(A)淬火　(B)正火　(C)高温回火　(D)退火

26. 淬火后回火的目的是(　　)。

(A)获得所需要的机械性能　(B)稳定组织和尺寸

(C)消除内应力　(D)获得所需要的化学性能

27. 下列属于金属及合金的主要物理性能的是(　　)。

(A)熔点　(B)相对密度　(C)耐蚀性　(D)导电性

28. 金属及合金材料的化学性能主要表现为具有(　　)。

(A)导热性　(B)耐蚀性　(C)耐酸性　(D)耐热性

29. 工艺性能按工艺方法不同可分为(　　)。

(A)铸造性能　(B)可锻性　(C)可焊性　(D)可切削加工性

30. 板材按照生产方法可分为(　　)。

(A)热轧钢板　(B)电解板　(C)冷轧钢板　(D)酸洗板

31. 板材允许偏差包括(　　)。

(A)尺寸允许偏差　(B)位置允许偏差

(C)厚度允许偏差　(D)宽度允许偏差

32. 非金属材料的种类很多,按照常用的非金属材料的化学组成,可以分为(　　)。

(A)有机非金属材料　(B)新型非金属材料

(C)无机非金属材料　(D)传统非金属材料

33. 塑料中常用到的添加剂中不可以作为润滑剂的是(　　)。

(A)碳纤维　(B)云母　(C)硬脂酸及其盐　(D)金属粉

34. 有机非金属材料包括(　　)。

(A)塑料　(B)橡胶　(C)涂料　(D)木材

35. 常用的无机非金属材料有(　　)。

(A)玻璃　(B)水泥　(C)塑料　(D)陶瓷

36. 高压聚乙烯不可以制作(　　)。

(A)薄膜　(B)绝缘件　(C)齿轮　(D)光学镜头

37. 天然橡胶不可以制作(　　)。

(A)轮胎　(B)耐高温材料　(C)耐低温材料　(D)耐化学腐蚀制品

38. 冲压工艺按加工性质不同可以分为(　　)。

(A)变形　(B)分离　(C)弯曲　(D)成形

39. 冲压中小型件时,不可以用来取料和放料的工具是(　　)。

(A)手　(B)扳手　(C)弹性钳子　(D)手锤

40. 冲压加工中(　　)产品能用电磁手用工具。

(A)Q235　(B)08＃　(C)45＃　(D)H62

41. 属于冲压工常用工具的是(　　)的工具。

(A)紧固模具　(B)调整冲床　(C)取料和放料　(D)检测

42. 下列属于冲压工常用夹具的是(　　)。

(A)压板　(B)六角螺栓　(C)电磁吸盘　(D)垫块

43. 量具的种类很多,根据用途可分为(　　)。

(A)工件量具　(B)万能量具　(C)专用量具　(D)标准量具

44. 游标卡尺的读数精度分为(　　)mm。

(A)0.015　(B)0.025　(C)0.055　(D)0.1

45. 用量规检验工件通常有(　　)。

(A)通止法　(B)着色法　(C)光隙法　(D)指示法

46. 下列量具中可以直接测量长度的是(　　)。

(A)卡钳　(B)钢尺　(C)塞尺　(D)游标卡尺

47. 可以表示压力的单位有(　　)。

(A)Pa　(B)kgf/cm^3　(C)kgf/cm^2　(D)汞柱

48. 下列单位不是功、能的基本单位的是(　　)。

(A)erg　(B)kW·h　(C)马力小时　(D)J

49. 在任意的三角形中,其中 a、b、c 为其三条边,A、B、C 为其三内角,下列说法错误的是(　　)。

(A)$\frac{a}{\sin A}=\frac{b}{\sin B}=\frac{c}{\sin C}$　(B)$\frac{a}{\cos A}=\frac{b}{\cos B}=\frac{c}{\cos C}$

(C)$\sin A=\frac{a}{c}$　(D)$\tan A=\frac{b}{c}$

50. 在液压机系统中,(　　)不能决定压力机压力的大小。

(A)液压泵的压力　(B)液压泵的流量

(C)液压缸的活塞的直径　(D)液压油的总量

51. 用作冲压加工的设备简称冲压设备,包括(　　)。

(A)机械压力机　(B)液压机　(C)剪切机　(D)弯曲校正机

52. 螺旋压力机主要有(　　)。

(A)手扳式　(B)气压式　(C)摩擦式　(D)液压式

53. 根据工作原理,冲床设备可分为(　　)。

(A)曲柄冲压机　(B)冲压液压机　(C)螺旋压力机　(D)剪板机

54. 大中型剪板机多采用液压式压紧机构,其优点是(　　)。

(A)工作时无杂音,噪声小　(B)压紧力较均匀,容易调整

(C)对一些软料剪切不会产生压痕　(D)对一些硬料剪切不会产生压痕

55. 平衡器的作用是(　　)。

(A)平衡连杆滑块的重量　(B)防止滑块因自重下落

(C)使冲床工作平衡　(D)传递能量

56. 剪板机的传动机构常用的离合器有(　　)。

(A)转键式离合器　(B)电磁离合器

(C)液力离合器　(D)摩擦式离合器

57. 剪板机根据传动机构的安放位置可以分为(　　)。

(A)上传动　(B)左传动　(C)右传动　(D)下传动

58. 剪板机是目前冲压备料生产中最常用的一种剪切设备,按照传动形式可分为(　　)。

(A)机械传动　(B)液压传动　(C)上传动　(D)下传动

59. 后挡料板的安装方式有(　　)。

(A)安装在刀架上　(B)安装在机架上

(C)安装在机架上并由刀架带动而摇摆　(D)安装在刀架上并由机架带动而摇摆

60. 剪板机的挡料板有(　　)。

(A)前挡料板　(B)侧挡料板　(C)角形挡料板　(D)后挡料板

61. 整体焊接的直线运动刀架,可采用于(　　)。

(A)下轴式剪板机　(B)上轴式剪板机

(C)斜轴式剪板机　(D)侧轴式剪板机

62. 刀架是剪板机的重要部件,目前常见的刀架结构有(　　)。

(A)整体焊接的直线运动刀架　(B)组合—焊接的直线运动刀架

(C)整体焊接的摆动刀架　(D)组合—焊接的摆动刀架

63. 机械剪板机的传动系统有(　　)。

(A)螺旋传动　　(B)齿轮传动　　(C)蜗轮副传动　　(D)连杆传动

64. 数控剪板机是指用(　　)组成的数字指令来实现一台剪板机或多台剪板机设备动作控制的技术。

(A)数字　　(B)文字　　(C)符号　　(D)代号

65. 联合剪冲机可以进行的工作有(　　)。

(A)板材的剪切　　(B)条料的剪断

(C)各种型材的直剪和斜剪　　(D)板材和型材的冲孔

66. 圆盘剪切机按其两剪刀轴线相互位置的不同及与板料的夹角不同可分为(　　)。

(A)直滚剪　　(B)飞剪　　(C)回盘剪　　(D)斜滚剪

67. 升降机是由(　　)组成的一种设备。

(A)行走机构　　(B)液压机构　　(C)电动控制机构　　(D)支撑机构

68. 下列升降机的保养方法正确的是(　　)。

(A)传动部分要有足够的润滑油　　(B)对易损件经常检查、维修或更换

(C)对经常震动的零件检查是否松动　　(D)日常保养一周进行一次

69. 压力阀根据其不同功用可分为(　　)。

(A)溢流阀　　(B)安全阀　　(C)减压阀　　(D)顺序阀

70. 流量控制阀可分为(　　)。

(A)节流阀　　(B)换向阀　　(C)调速阀　　(D)分流阀

71. 摩擦传动包括(　　)。

(A)带传动　　(B)绳传动　　(C)链传动　　(D)摩擦轮传动

72. 啮合传动包括(　　)。

(A)齿轮传动　　(B)链传动　　(C)螺旋传动　　(D)谐波传动

73. 气动控制阀可以分为(　　)。

(A)位置控制阀　　(B)方向控制阀　　(C)压力控制阀　　(D)流量控制阀

74. 大中型剪板机都装有平衡装置,一般有(　　)。

(A)气动平衡装置　　(B)弹簧平衡装置

(C)液压平衡装置　　(D)螺旋平衡装置

75. 弹簧式平衡装置是由(　　)组成。

(A)活塞　　(B)压力弹簧　　(C)双头螺柱　　(D)摆杆

76. 激光加工由(　　)组成。

(A)电源　　(B)激光器　　(C)光学系统　　(D)机械系统

77. 下列属于激光加工特点的是(　　)。

(A)加热速度快　　(B)效率高　　(C)作用时间短　　(D)热影响小

78. 等离子切割的优点是(　　)。

(A)速度快　　(B)质量好　　(C)热影响区小　　(D)生产效率高

79. 润滑脂是由(　　)组成的。

(A)基础油　　(B)稠化剂　　(C)稳定剂　　(D)添加剂

80. 以下属于压力机上润滑的作用的是(　　)。

(A)减小摩擦面间的阻力 (B)减小金属表面之间的磨损
(C)冲洗摩擦面间固体杂质 (D)使压力均匀受热

81."润滑"五定是定人、定点及(　　)。
(A)定期 (B)定质 (C)定机 (D)定量

82. 固体润滑材料如(　　)等都是可在固体状态时用作润滑。
(A)石墨 (B)二硫化钼 (C)聚四氟乙烯 (D)铸铁

83. 机械加工设备常用的润滑剂有(　　)。
(A)润滑油 (B)煤油 (C)润滑脂 (D)固体润滑剂

84. 润滑脂的稠化剂有(　　)。
(A)钠皂 (B)钙皂 (C)锂皂 (D)铝皂

85. 压力机上常用的各类润滑剂应具有的性质是(　　)。
(A)不能很轻易地清洗干净
(B)能形成有一定强度而不破裂的油膜层,用以担负相当压力
(C)不会损失润滑表面
(D)能很均匀地附着在润滑表面

86. 不适用于轻型或中型工件的冷卷的卷板机是(　　)。
(A)对称三辊卷板机 (B)立式卷板机
(C)水平上调式卷板机 (D)垂直下调式卷板机

87. 卷板机从辊数上分为(　　)。
(A)二辊卷板机 (B)三辊卷板机 (C)四辊卷板机 (D)五辊卷板机

88. 冲压加工的特点有(　　)。
(A)节材 (B)节能 (C)成本低 (D)生产效率高

89. 冲压加工中所使用的毛坯有(　　)。
(A)钢锭 (B)型材 (C)板材 (D)板材制品

90. 冲压加工的主要发展方向是(　　)。
(A)不断提高冲压产品的质量和精度
(B)大力推广冲压加工机械化和自动化,并保证操作安全
(C)努力提高冲模生产制造技术,力求降低冲压件成本
(D)提高冲压加工文明程度和安全卫生管理水平

91. 关于数控机床的坐标系下列说法正确的是(　　)。
(A)数控机床一般取产生切削力的主轴轴线为 Z 轴
(B)工件坐标系就是编程坐标系
(C)数控机床 Z 轴的正方向是刀具远离工件方向为正向
(D)数控机床 X 轴一般位于平行工件装卡正面的水平方向

92. 数控机床控制系统有(　　)。
(A)开环 (B)闭环 (C)半闭环 (D)半开环

93. 关于数控机床的特点下列说法正确的是(　　)。
(A)数控机床不是一种典型的机电一体化产品
(B)数控机床可以免去划线工序

(C)数控机床还做不到一机多用

(D)数控机床无人为的误差影响

94. 制订出一个好的工艺规程的作用是( )。

(A)节省成本开支 (B)提高产品质量

(C)提高生产率 (D)降低设备能耗

95. 编制工艺规程的目的是( )。

(A)使生产周期长 (B)使所需要原材料少

(C)使工序少而简 (D)实现少切削或无切削加工

96. 编制工艺规程的要求是( )。

(A)生产率高 (B)生产率低

(C)对工人技术要求低 (D)对工人技术要求高

97. 剪板机刀片间隙过大时会造成( )。

(A)条料的弯曲严重 (B)毛刺增大

(C)条料的拉伸严重 (D)尺寸精度下降

98. 剪切作业的工作原理是:在剪刃的作用下,板料产生( ),从而实现对板料的剪切。

(A)弹性变形 (B)板料弯曲 (C)塑性变形 (D)板料断裂

99. 冷轧圆盘剪切边过程中常见的问题有( )。

(A)边丝不掉 (B)带钢边部留下沟痕

(C)切面不均匀 (D)带钢宽尺

100. 板料经过冲裁后,断面上会出现( )。

(A)圆角带 (B)光亮带 (C)断裂带 (D)毛刺

101. 剪切质量与( )有关。

(A)剪切间隙 (B)材料的机械性能

(C)被剪材料长度 (D)剪刀的锋利度

102. 板料在剪裁后,其分离处的断面情况是比较复杂的,一般正常的剪切断面具有几个不同的变形区,分别是( )。

(A)圆角层 (B)截断层 (C)剪裂层 (D)揉压层

103. 斜刃剪机的剪切力与( )有关。

(A)板料厚度 (B)板剪材料的机械性能

(C)板料宽度 (D)剪刃的倾斜角度

104. 斜刃剪切上刀片的行程数值决定于( )的大小。

(A)剪切宽度 (B)剪切长度 (C)剪切厚度 (D)剪切角

105. 剪板机剪刃的刃口锋锐程度应基本一致,刃口不应有( )等缺陷。

(A)缺口 (B)毛刺 (C)圆口 (D)裂纹

106. 目前国产的剪板机刀片材料常用的有( )。

(A)6CrW2Si (B)Cr12Mo (C)5CrW2Si (D)Cr6VP

107. 板材的定尺剪裁包括( )。

(A)定长的剪裁 (B)定位的剪裁 (C)定角度的剪裁 (D)定高的剪裁

108. 排样时零件之间以及零件与条料之间留下的余料叫搭边,它主要用于补偿定位误差,保证零件尺寸精度;以下与搭边值大小有关的因素是(　　)。

(A)材料的机械性能 (B)冲裁速度 (C)材料厚度 (D)冲裁件外形

109. 冲裁搭边的作用是(　　)。

(A)补偿定位误差和剪板误差

(B)增加材料利用率

(C)增加条料刚度,方便条料送进,提高劳动生产率

(D)避免冲裁时条料边缘的毛刺被拉入模具间隙

110. 冲裁过程中要想减少工艺废料,可以采取的措施有(　　)。

(A)设计合理的排样方案 (B)选择合理的板料规格

(C)使用合理的裁板方式 (D)选择合理的工序顺序

111. 一般进行初校平工作用的校平机辊数为(　　)就可以了。

(A)五辊 (B)六辊 (C)七辊 (D)八辊

112. 数控开卷线的初矫机组由(　　)组成。

(A)主机部分 (B)辅助部分 (C)动力部分 (D)传动部分

113. 数控开卷线的辊道工作台由(　　)组成。

(A)工作台机架 (B)托板 (C)辊道 (D)轴承座摆动台

114. 开卷生产线的种类有(　　)。

(A)横剪线 (B)纵剪线 (C)纵横剪复合线 (D)飞剪线

115. 开卷线的主要技术参数有(　　)。

(A)被开卷料的宽度、厚度 (B)被开卷料的重量

(C)被开卷料的最大直径 (D)开卷机转速

116. 校平机校平板材时,所校平的板材(　　)不允许超过机床的工艺参数范围。

(A)厚度 (B)长度 (C)宽度 (D)材质

117. 校平时,要根据工件的(　　)来调整校平机的矫平参数。

(A)厚度 (B)长度 (C)宽度 (D)材质

118. 校平机遇到(　　)情况必须停机处理。

(A)发生卡料 (B)平板机进行修理

(C)两块料重叠校平 (D)平板机发生故障

119. 平顶齿形校正模适用于厚度较小的(　　)等。

(A)铝 (B)青铜 (C)黄铜 (D)钢

120. 板料校平机与传统的矫平机相比的优点是(　　)。

(A)校平质量高 (B)噪声小 (C)能耗低 (D)节能环保

121. 摩擦离合器基本上是由(　　)组成的。

(A)主动部分 (B)从动部分 (C)压紧机构 (D)操纵机构

122. 离合器的装配要求是(　　)。

(A)接合动作灵敏 (B)分离动作灵敏

(C)能传递足够的转矩 (D)工作平稳

123. 火花束是由(　　)构成的。

(A)流线 (B)节点 (C)爆花 (D)尾花

124. 钢铁材料在砂轮上磨削时所射出的火花是由(　　)构成的火花束。

(A)头部火花　(B)根部火花　(C)中部火花　(D)尾部火花

125. 矫直方法有(　　)。

(A)压力矫直　(B)辊式矫直　(C)张力矫直　(D)拉伸弯曲矫直

126. 按有无废料产生分类,排样的方式包括(　　)。

(A)废料排样　(B)有废料排样　(C)少废料排样　(D)无废料排样

127. 冲压作业车间安全检查的重点有(　　)。

(A)防护装置和措施的安全性及维护保养情况

(B)作业场所的环境及各种危险、有害因素

(C)作业人员安全教育培训

(D)冲压设备、模具的安全性

128. 高度游标尺是精密工具,可以用它来划(　　)。

(A)毛坯　(B)低合金钢材料　(C)中合金钢材料　(D)低碳钢材料

129. 高度游标尺相当于(　　)的组合。

(A)量高尺　(B)直尺　(C)划针盘　(D)卡尺

130. 高度游标尺的应用范围有(　　)。

(A)测圆弧　(B)测高度　(C)精密划线　(D)测内径

131. 下列关于千分尺的说法错误的是(　　)。

(A)对千分尺读数时,必须把千分尺从被测件上取下再读数

(B)使用千分尺测量工件时,测量力的大小完全任凭经验控制

(C)使用千分尺测量数值时,要特别留心不要读错 0.5 mm

(D)千分尺固定后可当卡规用测量工件通止

132. 数显千分尺有(　　)。

(A)齿轮结构　(B)涡轮结构　(C)数码管显示　(D)电子管显示

133. 下列千分尺属于机械式千分尺的是(　　)。

(A)内径千分尺　(B)数显千分尺

(C)深度千分尺　(D)齿轮公法线千分尺

134. 千分尺的测量范围分(　　)等。

(A)0～25 mm　(B)25～50 mm

(C)50～100 mm　(D)测量范围任意可调

135. 万能角度尺的精度分为(　　)。

(A)2′　(B)3′　(C)4′　(D)5′

136. 万能角度尺可以分为(　　)。

(A)Ⅰ型　(B)Ⅱ型　(C)Ⅲ型　(D)Ⅳ型

137. 数控开卷线上出现油泵过热的原因可能是(　　)。

(A)油泵磨损　(B)油泵冷却不足　(C)阀芯卡死　(D)电机损坏

138. 剪板机出现踩闸不下刀故障的维护措施是(　　)。

(A)调整离合器　(B)更换新刀片　(C)调整拉杆和杠杆　(D)更换轴套

139. 校平机的轴承发出不连续的“梗梗”声的原因是(　　)。

(A)保持架破裂 (B)内、外圈破裂
(C)轴承内落入杂质 (D)轴承润滑不足

140. 水平仪可以用于(　　)的测量。
(A)倾斜角 (B)平面度 (C)直线度 (D)圆度

141. 水平仪主要用于检验平面相对于水平或垂直位置的偏差,如(　　)。
(A)机床导轨的直线度 (B)平板的平面度
(C)设备安装的水平位置 (D)设备安装的垂直位置

142. 数控开卷线上润滑周期为 2～4 次/班的部位有(　　)。
(A)放料机导轨 (B)万向十字节两端 (C)滚道轴承座 (D)滑块座

143. 下列属于燃烧必须具备的条件的是(　　)。
(A)可燃物质 (B)助燃物质 (C)要有着火源 (D)有氧气参加

144. 下列是灭火方式的是(　　)。
(A)冷却法 (B)隔离法 (C)窒息法 (D)加油法

145. 我国规定的安全电压额定值的等级有 6 V、12 V 及(　　)V。
(A)36 (B)42 (C)48 (D)24

146. 通过人体的电流决定于(　　)。
(A)外加电压 (B)人体电阻 (C)人体情况 (D)地面情况

147. 下列属于推行 5S 管理目的的是(　　)。
(A)促进效率的提高 (B)降低生产成本
(C)缩短作业周期 (D)保障产品品质

148. 下列属于 5S 活动中整理的目的的是(　　)。
(A)清除脏污,保持现场干净、明亮 (B)改善和增加作业面积
(C)改变作风,提高工作情绪 (D)减少库存量、节约资金

149. IOS 14000 系列标准按性质可分为(　　)。
(A)基础标准 (B)基本标准
(C)支持技术类标准 (D)支持管理类标准

150. 标准化的基本原理通常是指(　　)。
(A)统一原理 (B)简化原理 (C)协调原理 (D)最优化原理

151. 下列特性是质量管理体系的特性的是(　　)。
(A)唯一性 (B)系统性 (C)静态性 (D)预防性

152. 环境管理体系审核应保证其(　　)的要求,应按审核程序执行。
(A)客观性 (B)系统性 (C)管理性 (D)文件化

153. ISO 14000 的广泛适用性正反映了该标准是一个(　　)。
(A)客观标准 (B)基本标准 (C)管理框架 (D)组织框架

154. 环境管理体系的原则要素有承诺和方针、(　　)。
(A)规划 (B)实施 (C)测量和评价 (D)评审和改进

155. 明确(　　)是实施职业健康安全管理体系的必要前提。
(A)职责 (B)方针 (C)组织结构 (D)目标

156. 是职业健康安全管理体系的基础的是(　　)。

(A)危险源辨识 (B)危险源 (C)风险评价 (D)风险控制的策划

157. 全面质量管理的支柱是( )。

(A)质量管理教育 (B)标准化 (C)PDCA的原理 (D)QC小组活动

四、判 断 题

1. 关联零件的关联尺寸必须协调,配合部位尺寸基准要选择一致,配合尺寸要直接标出。( )
2. 选择尺寸基准,可以不考虑零件在机器中的位置功用,应按便于测量而定。( )
3. 零件图的技术要求标注要明确、清楚;文字要简明、确切;提出的要求要切实可行。( )
4. 构成零件几何特征的点、线、面称为基准。( )
5. 图样上所标注的表面结构符号和代号如果不另加说明,则表示是该表面加工后的要求。( )
6. 位置公差是指单一实际要素所允许的变动全量。( )
7. 位置公差分为八个项目,即平行度、圆柱度、倾斜度、同轴度、对称度、位置度、圆跳动、全跳动。( )
8. "⌖"是几何公差圆柱度的符号。( )
9. 标准公差的大小与公差等级无关。( )
10. 标准公差共分为IT1～IT18共18级。( )
11. Q235-AZ其中A表示:质量A级,Z表示:镇静钢。( )
12. 当工件弯曲半径小于最小弯曲半径时,对冷作硬化现象严重的材料可采用两次弯曲,并进行中间退火工序。( )
13. 退火是将材料加热到某一温度范围,保温一定时间,然后缓慢冷却到室温的过程。( )
14. 任何金属材料通过淬火都会使其硬度提高。( )
15. 碳素工具钢的淬火温度范围窄,淬火变形大。( )
16. 一些特种钢材可以通过淬火获得铁磁性、耐蚀性等特殊的物理、化学性能。( )
17. 低温回火可使高碳钢获得高硬度、高耐磨性,并且保持适当的韧性,用于制作工具、模具等。( )
18. 由于机械零件的用途不同,所以对其物理性能的要求也有所不同。( )
19. 合金的特性是硬度大,熔点低,耐腐蚀。( )
20. 金属及合金材料的化学性能主要有耐蚀性和耐热性等。( )
21. 碳钢一般均能锻造,低碳钢可锻性最好,中碳钢次之,高碳钢则较差。( )
22. 提高表面结构,可以增加零件的耐腐蚀性。( )
23. 热轧板经过酸洗成为酸洗板,酸洗板再经过冷轧成为冷轧板。( )
24. 冷轧板不适宜电镀,适宜烤漆、喷粉。( )
25. 钢板材料的尺寸、外形允许偏差规定是其技术指标的重要组成部分。( )
26. 非金属材料在冲压生产中作裁剪分离工序加工。( )
27. 高压聚乙烯可以制造齿轮。( )
28. 由于冲压加工的零件形状及尺寸、精度要求、批量大小、原材料性能等各不相同,所以采用的冲压工艺方法也多种多样。( )
29. 工艺过程中余量大小的确定是机械加工中很一般的问题。( )

30. 冲压件检测工具的选用与检测要求必须按工艺规程执行。( )

31. 夹紧装置应操作方便,安全、可以不省力。( )

32. 塞尺在使用时由厚到薄逐级试塞。( )

33. 游标量具是机械制造业中应用十分广泛的量具。( )

34. 1 tf 等于 22 051 bf。( )

35. 1 Pa 的含义是 1 mm^2 承受 1 N 的力。( )

36. 一额定功率为 300 kW 的设备满负荷运行 2 h,理论上它将消耗 600 度电。( )

37. 1 马力小时等于 2.7×10^5 kgf·m。( )

38. 1 kW 等于 1.39 PS。( )

39. 1 PS(马力)等于 735 W。( )

40. 1°R(兰氏温度)等于$\frac{5}{9}t$(K,绝对温度)。( )

41. 在直角三角形中,对于任意角 α 有 $\sin\alpha=\cos(90°-\alpha)$。( )

42. 冲压设备分为曲柄压力机、螺旋压力机两种。( )

43. 液压机是利用油液作为介质来传递功率的,水则不行。( )

44. 曲柄压力机的滑块行程越大越好。( )

45. 液压螺旋压力机,是一种打击力较大、主要用于塑料模锻造的螺旋压力机。( )

46. 双盘摩擦压力机是一种通用锻压设备。( )

47. 床身是剪板机的主体部件,剪板机的其他部件都连接固定在床身上,床身必须安装牢固,一般要用横梁及撑板连接,以增加其稳定性。( )

48. 一般剪切厚度小于 10 mm 的板料的剪切机多为液压传动。( )

49. 挡料装置(包括前、后挡料装置)应具有挡料准确、送料方便的特点。( )

50. 后挡料板有手动和机动两种结构,小规格的剪板机大多数采用机动。( )

51. 刀架设计必须设置排除刀架自动变化位置的可靠装置。( )

52. 剪板机的刀架一般用钢板焊接或铸钢铸成。( )

53. 剪板机的上、下刀片可以用导轨钢切割而成。( )

54. 下传动的缺点是机身不宜具有喉口,因为连杆从中通过,所以剪切长度受到限制。( )

55. 上传动剪板机采用液压压料装置,压料力小。( )

56. 液压剪板机故障排除比机械剪板机简单、方便。( )

57. 数控剪板机作空运转试车前,应先用人工盘车一个工作行程,确认正常后才能开动设备。( )

58. 联合剪冲机,可以对角钢进行斜剪切。( )

59. 圆盘剪机能剪切直线和曲线的外形工件。( )

60. 使用圆盘刃剪切最大的问题是剪切下来的板料会产生弯扭现象。( )

61. 圆盘剪切机也可以剪切条料,但是剪切后条料弯曲度较大。( )

62. 在龙门式剪板机上沿着直线轮廓可以剪切各种形状的板料。( )

63. 液压升降平台是一种多功能起重装卸机械设备。( )

64. 使用液压升降机的时候,要经常进行检查、维护和保养,延长液压升降机的使用寿命。( )

65. 液压升降平台在使用时,液压电气系统需要重新调整。(　　)

66. 振动冲型机的上剪刀是固定不动的。(　　)

67. 振动冲型机在剪切内孔轮廓时,须先将切刀分开一定距离,以便使板料伸入。(　　)

68. 振动冲型机一般适用于小批量单件生产。(　　)

69. 压力控制阀用来调节或分配液体流量,实现运动部件的无级调速或同步动作。(　　)

70. 气动执行元件把压缩空气的压力能转换为机械能。(　　)

71. 机械传动的剪板机全部都装有平衡器。(　　)

72. 刀架在上死点时,平衡器的倾斜角可以使平衡器的轴线不通过下刀刃的刃口。(　　)

73. 平衡器应该在规定的平衡重量范围内使用,否则将影响正常使用。(　　)

74. 激光是一种亮度高、方向性好的相干光。(　　)

75. 常用的等离子弧切割气体有氩、氢、氮、氧、空气、水蒸气以及某些混合气体。(　　)

76. 曲柄压力机的润滑方式是集中润滑。(　　)

77. 剪裁加工时可将润滑剂涂在剪机工作台上。(　　)

78. 经常转动油杯,注意保持润滑油路畅通。(　　)

79. 钙基润滑脂用途最广,呈黄色,防水性好,但熔点低,耐热差。(　　)

80. 食用油不可作润滑剂。(　　)

81. 乳化液是润滑剂的一种。(　　)

82. 水平下调式卷板机板料对中没有四辊卷板机方便。(　　)

83. 机械三辊非对称式卷板机的缺点是板材端部需借助其他设备进行预弯。(　　)

84. 冲压加工因其独特的优点在航空、汽车、电机、电器、精密仪器仪表等工业生产中占有重要地位。(　　)

85. 数控机床变速较快,能实现无级变速。(　　)

86. 数控机床精度高,灵活,可靠,但不能加工复杂的型面。(　　)

87. 数控机床与普通机床的工艺处理基本相同。(　　)

88. 计算机数控系统简称 CNC 系统。(　　)

89. 数控机床是一种应用了微电子技术,计算机技术,自动控制,精密测量和机床结构等方面的成果发展起来的机床。(　　)

90. 各道工序名称、性质、质量要求、工艺参数及主要工序所必要的半成品或成品草图,是工艺规程的主要内容之一。(　　)

91. 产品验收技术要求,是产品的质量标准和验收的依据,也是编制工艺规程的主要依据。(　　)

92. 编制工艺规程应使生产准备周期长、成本低。(　　)

93. 表面加工方法的选择,应满足加工质量、生产率与经济性各方面的要求,首先应满足经济性的要求。(　　)

94. 计算坯料的尺寸,不是编制冷冲压工艺规程的步骤之一。(　　)

95. 加工前操作者要看懂、看清工艺规程、产品图样及技术要求,有疑问之处应找有关技术人员问清后再进行加工。(　　)

96. 剪板机上、下刀片间隙过小时,剪切断面的断裂带易被挤坏,剪切力会变小。(　　)

97. 剪切开始时,剪板机的上下刀片同时接触板料。(　　)

98. 冷轧圆盘剪切边过程中,两侧剪刀中间压轮必须压紧带钢,防止在剪切过程中带钢鼓起,造成带钢切边后宽尺。(　　)

99. 正常的剪断面有:圆角带、切断带、揉压带。(　　)

100. 剪切尺寸的要求是指剪裁出的工件尺寸符合图纸的要求。(　　)

101. 剪切后的工件应该是平整的,可是由于各种原因,剪切后的工件发生各种不正常的变形现象。(　　)

102. 剪切间隙过小将造成剪切断面分层撕裂现象。(　　)

103. 直刃剪切所需的剪切力比较小,同时还受侧边压力。(　　)

104. 材料断面的情况与材料性质有关,被剪切的材料硬度愈大,剪切过程愈短。(　　)

105. 在圆盘刃剪切过程中,板料的变形情况基本与斜刃剪切相似。(　　)

106. 振动剪切的生产率很高,可以用于大批量生产中。(　　)

107. 为了减小最初的剪切力,最好沿着对角线方向来剪切,目前所用的大部分型材剪切设备都是按这原理制成的。(　　)

108. 在斜刃剪切中,只要剪刃的倾斜度一定,则在大部分剪裁过程中,剪切力是个常数,它与板料的宽度无关。(　　)

109. 斜刃剪切不可以用于剪裁薄而宽的条料。(　　)

110. 剪板机所选的剪刃应适合所使用的剪板机的规格要求。(　　)

111. 剪板机的上下剪刃必须同时更换,以保证剪切质量。(　　)

112. 6CrW2Si 钢是在铬硅钢的基础上加入了一定量的钨而形成的钢种,可以制造冷剪机刀片等。(　　)

113. 样板的测量面不要求耐磨,只要求不变形。(　　)

114. 在龙门剪板机上剪切时,只能采用后挡料架定位。(　　)

115. 调整挡板的方法最好是按照所需要剪切的工件的样板进行调整。(　　)

116. 在定尺剪裁前,应将型材弯曲超过允许公差范围的进行矫直后才可以进行剪切。(　　)

117. 开卷线缓和区的长度与板厚有一定的关系,板厚时较长些,板薄时较短些。(　　)

118. 开卷线上的板料剪裁属于不间断式的连续裁剪工作。(　　)

119. 限位定尺控制法在操作方法上优于划线法,自动化程度也较高。(　　)

120. 工件外形越复杂,圆角半径越小,冲裁搭边值越大。(　　)

121. 材料利用率是指冲裁件的实际面积与所用板料面积的百分比。(　　)

122. 严禁站在开卷机与校平辊之间切断捆料铁带条。(　　)

123. 在卷料头送入引料机过程中,可以用手去辅助引送。(　　)

124. 料到尽头时,操作人员不准站在托料辊盘附近,防止料头回弹伤人。(　　)

125. 开卷线上的校平机只有进行初校平一个作用。(　　)

126. 开卷线上的液压上料小车具有承载钢卷移动和升降至放料机中心进行上料的作用。(　　)

127. 当钢卷重心与生产线中心有偏差时,放料机可载钢卷同时向左或向右对中完成上卷。(　　)

128. 薄板平模板校平是改变工件内应力的校平方法。(　　)

129. 齿形校平模的上下齿应相互对齐。(　　)

130. 用模具校平时的校平力主要决定于材料的机械性能、板料厚度等因素。( )

131. 手工校平是使板料延展而校平。( )

132. 校平机校平长件时放置升降台或工作台上要平稳。( )

133. 校平机下料处有上下辊的可以打反车送料校平。( )

134. 校平机校平时上、下工作辊之间的间隙应该调节得略大于所校板材的厚度。( )

135. 板料校平机对普通钢板和高强度钢板的矫正达到了精度高、性能稳定的要求。( )

136. 板料校平机可以在运转过程中选择正反转。( )

137. 曲柄压力机上采用的离合器有:刚性离合器和摩擦式离合器。( )

138. 曲柄压力机都采用摩擦式离合器。( )

139. 浮动镶块式摩擦离合器一制动器结构比较简单,但不容易更换摩擦块。( )

140. 火花鉴别法快速简便,应用面广。( )

141. 火花鉴别时,节点只能在流线的中途发生。( )

142. 火花鉴别时,爆花是由铁末颗粒爆裂而产生的。( )

143. 火花鉴别时,中碳钢和高碳钢的火花特征是相同的。( )

144. 冷矫直只用于中厚板。( )

145. 拉伸弯曲矫直机组一般用在连续作业线上矫直各种带材。( )

146. 选择合理的排样布局方式,是提高材料利用率、降低生产成本和保证工件质量的有效措施。( )

147. 为了提高冲压作业的安全性,必须提供必要的安全防护措施,对操作者实行保护。( )

148. 为了发展生产,在安全问题难以避免的情况下,只能由操作者作出一定的牺牲。( )

149. 使用完毕的钢丝绳要清理干净,盘好后整齐存放,避免重叠堆置。( )

150. 在吊运铝合金工件时常选用吊装带吊运,避免对工件表面造成损伤。( )

151. 为了确定弯曲前毛坯的形状和大小,需要计算弯曲件的展开尺寸。( )

152. 若高度游标尺硬质合金划线脚掉一角,可以用锉刀将其锉锋利。( )

153. 千分尺能测量毛坯件。( )

154. 深度千分尺是特种千分尺的一种。( )

155. 万能角度尺可以测量小于40°的内角。( )

156. 校平机轴承发出刺耳的鸣叫声是由于轴承内圈与轴配合过松引起的。( )

157. 校平机轴承发出连续而不规则的“沙沙”声是由于内外圈滚道出现锈蚀斑引起的。( )

158. 水平仪的气泡是随着温度升高而变长,随着温度的降低而变短。( )

159. 常用水平仪检验构件表面的水平度。如果气泡居中,说明该构件表面处于水平位置;气泡偏左,说明左边低;气泡偏右,说明右边低。( )

160. 千分表可测量工件的平面偏差和表面位置度偏差。( )

161. 千分表是用齿轮齿条,杠杆或扭簧等的传动,将测量杆的微小移位放大转变为指针的转动,指示相应的数值。( )

162. 框式水平仪的玻璃管内装满乙醚或酒精。( )

163. 水平仪的刻度值是指气泡移动半格刻度时,水平仪所需倾斜角的大小。( )

164. 劳动保护概括地说就是对劳动者在生产中的安全与健康所实行的保护。(　　)

165. 一般来说,人体的电阻约为 800～1 000 Ω。(　　)

166. 电动机在起动时,发出嗡嗡声,这是由于电动机缺相,运转致电流过大而引起的应立即切断电源(　　)

167. 清洁的目的是不浪费时间寻找物品,提高工作效率和产品质量,保障生产安全。(　　)

168. 模具的标准化在于降低其维修费用。(　　)

169. 质量管理体系要求记录应保持清晰、易于辨识和检索。(　　)

170. 职业健康安全管理体系适用于各行各业,并作为认证的依据。(　　)

171. 为用户服务的观点是全面质量管理的四大观点之一。(　　)

172. QC 小组活动是全面质量管理的四大支柱之一。(　　)

五、简 答 题

1. 不穿通的螺孔应怎样绘制?
2. 零件图的主视图选择原则是什么?
3. 零件图选择视图在图样上的安放位置,应按哪些原则?
4. 什么是零件图?
5. 什么是几何公差的要素?
6. 什么是几何公差?
7. 写出标准公差等级有多少级,分别是什么?
8. 简答拉延、挤压工件为什么要中间退火?
9. 冲压工艺的定义是什么?
10. 什么是工艺过程?
11. 制定工艺规程的一般步骤是什么?
12. 按夹具的通用特性分类夹具可分为几类,分别是什么?
13. 什么是夹具?
14. 简答测量方法分几类?
15. 根据工作机构的不同,冲压设备又分哪三类?
16. 剪板机的基本结构组成如何?
17. 液压剪板机的工作原理是什么?
18. SAJ 变频器应用于数控剪板机的主要特点是什么?
19. 联合剪冲机的优点是什么?
20. 为什么振动冲型机可以剪切曲线?
21. 振动冲型机的上、下剪刀是如何调节的?
22. 机械传动按照传动方式可分为哪几种?(写出五项即可)
23. 气压传动的缺点是什么?
24. 简答平衡器的作用是什么?
25. 剪板机设有弹簧平衡器的作用是什么?
26. 与氧—乙炔火焰切割相比,等离子弧切割的特点是什么?
27. 卷板机的结构形式有哪些?

28. 常用的卷板机有哪些？

29. 冷冲压的优点有哪些？

30. 数控机床的坐标系共有几种？

31. 什么是数控机床的机床坐标系？

32. 何谓数控机床？

33. 剪切时，板料断裂阶段的过程是怎样的？

34. 机械传动剪板机产生连刀的原因是什么？

35. 机械传动剪板机产生连刀故障的排除方法是什么？

36. 在实际生产中出现的不合质量要求的剪切断面有哪些？

37. 剪切后的工件发生的各种不正常的变形现象有哪些？

38. 影响质量的因素有哪些？

39. 常见的剪切质量问题有哪些？

40. 振动剪切加工特点是什么？

41. 一般型钢剪机的刀架做成倾斜 45°角的目的是什么？

42. 斜刃剪切的工作过程是怎样的？

43. 对于板材的飞剪型式，按刀片运动的特点，基本上有哪几种类型？

44. 剪板机刀刃间隙选择的原则是什么？

45. 样板检测工件的优点是什么？

46. 调整角挡板的方法是什么？

47. 什么是限位法？

48. 控制剪裁长度尺寸的方法有哪些？

49. 开卷线主要由哪几部分组成？

50. 板料校平按校平方式分哪几种？

51. 平板工件采用模具校平方法有哪些？

52. 在什么情况下采用加热校平法？

53. 型钢矫直机能否矫正型钢断面形状？

54. 曲柄压力机的离合器易产生故障的原因是什么，如何排除故障？

55. 砂轮磨削火花鉴别钢材材质的依据是什么？

56. 火花鉴别时，45 钢的火花特征是什么？

57. 简答机械矫正常用的方法有哪些？

58. 根据冲裁件在板料上的布置方式，排样分为哪几种形式？

59. 冲床为什么要采用双手按钮方式操作？

60. 简答在计算剪切力时为什么要增加 1.3 倍的修正系数？

61. 剪切变形的主要受力特点是什么？

62. 千分尺是由哪几部分组成的？

63. 内径千分尺如何选择接长杆？

64. 用 75～575 mm 的内径千分尺（接长标尺寸为 13 mm、25 mm、50 mm、100 mm、150 mm、200 mm）测量 ϕ386 mm 的孔，计算接长杆的尺寸？

65. 机械传动剪板机的常见故障有哪些？

66. 剪板机刀刃间隙不适当应采取的维护措施是什么?

67. 刻度值为 0.02 mm/1 000 mm 的水平仪,长度为 200 mm,水平仪测量面的两端在 200 mm 上的高度差是多少?

68. 工作机械的电气控制线路是由哪几种电路组成的?

69. 5S 是指什么?

70. 简答全面质量管理的四大观点是什么?

六、综 合 题

1. 叙述什么是尺寸允许偏差?

2. 试叙述什么是工艺卡片?

3. 冲压工艺文件的基本内容有哪些?

4. 需要剪切一斜边 L_1=198 mm 的等腰直角三角形的筋板,问两直角边最少需要多少毫米?(提示 sin45°=0.707)

5. 剪板机传动机构的工作原理是什么?

6. 剪板机的刀架一般是由什么材料制成的? 是如何动作的?

7. 剪板机上、下刀片的结构有何特性?

8. 圆盘剪板机的工作原理是什么?

9. 圆盘剪切机是如何进行调整的?

10. 龙门剪机的主要技术参数有哪些?

11. 叙述龙门剪机是由哪些主要部分构成的?

12. 升降机的工作原理是什么?

13. 振动冲型机的工作原理是什么?

14. 振动冲型机在剪切内孔轮廓时,应如何确定切口长度?

15. 叙述液压传动的两个基本特征是什么?

16. 叙述液压传动的特点是什么?

17. 曲柄压力机稀油润滑的优缺点是什么?

18. 剪切中常出现的尺寸和外形不合格的现象有哪些?

19. 提高剪切质量的措施有哪些?

20. 直刃剪切的工作原理是什么?

21. 振动剪切的工作原理是什么?

22. 斜刃剪切的特点是什么?

23. 开卷生产线为了防止板料跑斜,应采取哪些措施?

24. 在冲裁过程中影响搭边值的因素有哪些,分别作简要说明?

25. 钢丝绳的日常检查项目有哪些?

26. 在起重作业中,选择钢丝绳种类的原则是什么?

27. 用斜刃剪板机剪切宽度 B=1 000 mm,厚度 t=2 mm 的钢板,已知剪刃斜度 φ=8°,剪切力为 5 700 N,求机床所需的功是多少?(tan8°=0.14)

28. 用斜刃剪机剪切宽度 B=1 000 mm,厚度 t=2 mm 的钢板,剪刃斜度 ϕ=8°,设材料抗剪强度 τ_0=400 N/mm²,试求所需剪切力是多少?(考虑其他因素实际剪切力应保留修正

系数(1～1.3)，$\tan8°=0.14$)

29. 斜刃剪切力应怎样计算？

30. 用平刃剪板机剪切宽度 $B=1\ 000$ mm，厚度 $t=2$ mm 的钢板，已知剪切力为 8 000 N，求机床所需的功是多少？($\lambda=0.5$)

31. 用平刃剪机宽度 $B=1\ 000$ mm，厚度 $t=2$ mm 的钢板，设材料抗剪强度 $\tau_0=400\ \text{N/mm}^2$，试求所需剪切力是多少？(考虑其他因素实际剪切力应指修正系数为 1～1.3)

32. 平刃剪切力应怎样计算？

33. 有一 U 形弯曲工件(图 1)，两直边均为 120 mm，弯曲半径 $R=80$ mm，材料厚度 $t=4$ mm，试计算展开长度是多少？(系数取 $x=0.5$)

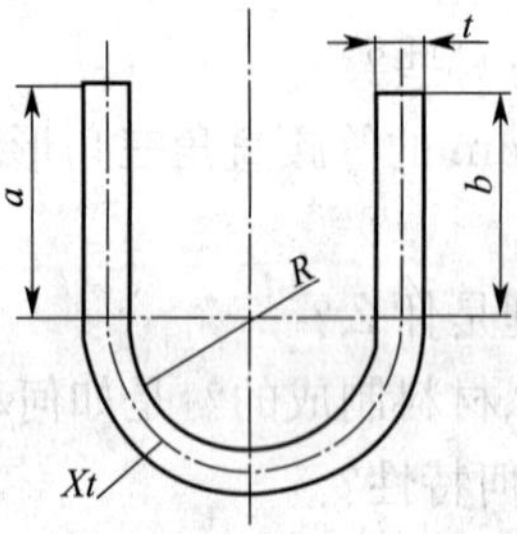

图 1

34. 计算如图 2 所示板料的展开长度是多少？已知：工件弯曲中心角 $\alpha=120°$，弯曲半径 $r=16$ mm，板料厚度 $t=4$ mm，边长 $L_1=50$ mm，$L_2=100$ mm($x_0=0.41$)。

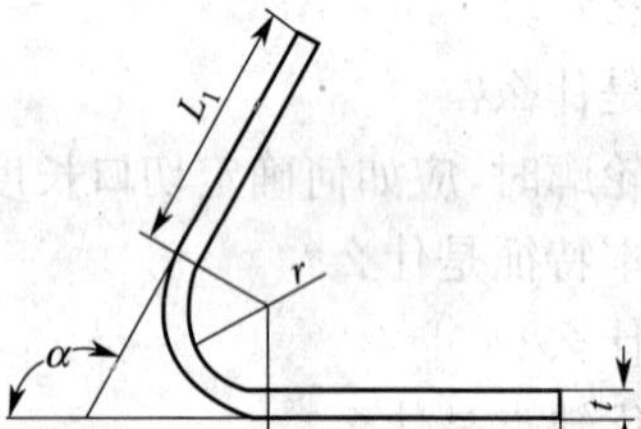

图 2

35. 叙述螺旋测微器的读数原理是什么？

剪切工(中级工)答案

一、填 空 题

1. 细实线	2. 尺寸	3. 设计基准	4. 工艺
5. 	6. 	7. 	8. 单一
9. 全跳动	10. 公差带	11. 非标准	12. 屈服点
13. Al-Cu	14. 10%	15. 重结晶	16. 含碳量
17. 正火	18. 硬度	19. 熔点	20. 化学
21. 可铸性	22. 表面结构	23. 冷轧板	24. 黑灰色
25. 最小	26. 分离	27. 过程	28. 工艺参数
29. 分离	30. 定位基准	31. 经济	32. 直流
33. 气动夹钳	34. 工艺方法	35. 0.02 mm	36. 长度
37. 0.102	38. 10^5	39. 4.2	40. 75
41. K	42. 33.8	43. 联合冲剪机	44. 3 000 kN
45. 上死点	46. Q	47. 剪切力	48. 角度
49. 刀架	50. 斜角	51. 气动圆盘式	52. 泄漏
53. 剪切力	54. 二进制	55. 200 mm	56. 联合剪冲
57. 型材剪切	58. 平行	59. 相反	60. 简单
61. 润滑脂	62. 液压	63. 1 500 h	64. 机械故障
65. 油缸	66. 机械传动	67. 摩擦传动	68. 压缩空气
69. 2	70. 平衡重量	71. 电弧	72. 油环润滑
73. 集中润滑	74. 四种	75. 机械	76. 液压式
77. 弧线下调式	78. 切削	79. 0.001 mm	80. 数字控制
81. 工艺规程	82. 工艺规程	83. 短	84. 冲压工艺
85. 零件图	86. 1～3 min	87. 混料	88. 校平
89. 边丝不掉	90. 更换刀片	91. 直角	92. 导轨
93. 负重合	94. 毛刺	95. 反向	96. 零
97. 2毫米(2 mm)	98. 型材剪切	99. 水平	100. 平行刃
101. 回转式	102. 0.2 mm	103. 硬度	104. 吻合
105. 塞尺	106. 剪切角	107. 剪切角	108. 转动
109. 定位挡	110. 定尺控制	111. 7～18 m	112. 小
113. 降低	114. 结构废料	115. 1/3～1/6	116. 专用工具
117. 校平机	118. 导正	119. 浮动	120. 上面

121. 光面平板模　122. 齿形　123. 细齿痕　124. 弹性
125. 单片梁　126. V形　127. 密切配合　128. 火花
129. 节点　130. 含碳量　131. 冷矫直　132. 排样
133. 扭结　134. 同类型　135. 工作环境　136. 压力
137. 冲压工艺　138. 螺旋放大　139. 0.01 mm　140. 游标
141. 接通电源　142. 虚接　143. 更换轴承　144. 零位
145. 恢复原位　146. 误差较大　147. 水平　148. V形
149. 竖直　150. 静止　151. 测量　152. 连剪
153. 专人　154. 整改　155. 两端电压　156. 素养
157. 全部活动　158. ISO　159. 工序　160. 质量目标
161. 质量管理体系　162. 持续改进　163. 评判　164. 危险源
165. 危险源辨识　166. 全面质量管理

二、单项选择题

1. C　2. D　3. A　4. C　5. B　6. D　7. B　8. B　9. A
10. A　11. A　12. D　13. B　14. D　15. C　16. D　17. A　18. D
19. C　20. A　21. B　22. A　23. C　24. B　25. C　26. A　27. A
28. C　29. D　30. B　31. C　32. C　33. A　34. B　35. D　36. C
37. C　38. A　39. A　40. C　41. B　42. B　43. B　44. A　45. C
46. D　47. A　48. A　49. A　50. B　51. C　52. C　53. B　54. D
55. A　56. C　57. A　58. D　59. B　60. B　61. C　62. B　63. A
64. D　65. B　66. B　67. A　68. D　69. C　70. B　71. C　72. A
73. C　74. B　75. C　76. B　77. C　78. A　79. D　80. B　81. B
82. A　83. C　84. A　85. C　86. B　87. B　88. B　89. B　90. D
91. A　92. D　93. B　94. A　95. A　96. A　97. C　98. C　99. C
100. B　101. C　102. D　103. B　104. C　105. D　106. B　107. C　108. D
109. A　110. D　111. B　112. B　113. C　114. C　115. C　116. C　117. A
118. B　119. C　120. B　121. A　122. B　123. B　124. C　125. D　126. A
127. A　128. A　129. C　130. C　131. C　132. B　133. B　134. D　135. C
136. A　137. B　138. A　139. A　140. B　141. A　142. A　143. C　144. A
145. B　146. D　147. A　148. B　149. A　150. C　151. A　152. A　153. A
154. D　155. D　156. C　157. D　158. B　159. C　160. A　161. D　162. B
163. C　164. A　165. A　166. B　167. B

三、多项选择题

1. AC　2. BC　3. ABC　4. BC　5. ABD　6. ABCD　7. AB
8. ABCD　9. ABCD　10. ABD　11. BCD　12. BD　13. BC　14. BCD
15. ABCD　16. BCD　17. AC　18. BCD　19. ACD　20. BC　21. BC
22. ABC　23. BD　24. AD　25. AC　26. ABC　27. ABD　28. BC

29. ABCD	30. AC	31. ACD	32. AC	33. ABD	34. ABCD	35. ABD
36. BCD	37. BCD	38. AB	39. ABD	40. ABC	41. ABC	42. ABD
43. BCD	44. BCD	45. ABCD	46. BD	47. ACD	48. ABC	49. BCD
50. ABD	51. ABCD	52. ACD	53. ABC	54. ABC	55. ABC	56. AD
57. AD	58. AB	59. ABC	60. ABCD	61. BD	62. ABC	63. BC
64. ABC	65. ABCD	66. ACD	67. ABCD	68. ABC	69. ABCD	70. ACD
71. ABD	72. ABCD	73. BCD	74. AB	75. BCD	76. ABCD	77. ABCD
78. ABCD	79. ABCD	80. ABC	81. ABD	82. ABC	83. ACD	84. ABCD
85. BCD	86. ABC	87. BC	88. ABCD	89. BCD	90. ABCD	91. ABCD
92. ABC	93. BD	94. ABC	95. BCD	96. AC	97. ABCD	98. ACD
99. ABCD	100. ABCD	101. ABD	102. ABCD	103. ABD	104. BD	105. ABCD
106. AC	107. AC	108. ACD	109. ACD	110. ABCD	111. AC	112. AC
113. ABCD	114. ABCD	115. ABCD	116. ACD	117. AD	118. ABCD	119. ABC
120. ABCD	121. ABCD	122. ABCD	123. ABCD	124. BCD	125. ABCD	126. BCD
127. ABCD	128. BCD	129. AC	130. BC	131. ABD	132. AC	133. ACD
134. AB	135. AD	136. AB	137. AB	138. ACD	139. AB	140. ABC
141. ABCD	142. ABD	143. ABC	144. ABC	145. ABD	146. AB	147. ABCD
148. BCD	149. ABC	150. ABCD	151. ABD	152. ABD	153. BC	154. ABCD
155. AC	156. ACD	157. ABCD				

四、判 断 题

1. √	2. ×	3. √	4. ×	5. √	6. ×	7. ×	8. ×	9. ×
10. ×	11. ×	12. √	13. √	14. ×	15. √	16. √	17. √	18. √
19. √	20. ×	21. √	22. √	23. √	24. ×	25. √	26. √	27. ×
28. √	29. ×	30. √	31. ×	32. ×	33. √	34. √	35. ×	36. √
37. √	38. ×	39. √	40. ×	41. √	42. ×	43. ×	44. ×	45. ×
46. √	47. √	48. ×	49. √	50. ×	51. √	52. √	53. √	54. √
55. ×	56. ×	57. √	58. √	59. √	60. ×	61. √	62. √	63. √
64. √	65. ×	66. ×	67. √	68. √	69. ×	70. √	71. ×	72. ×
73. √	74. √	75. √	76. ×	77. ×	78. √	79. √	80. ×	81. ×
82. √	83. ×	84. √	85. √	86. ×	87. √	88. √	89. √	90. √
91. ×	92. ×	93. ×	94. ×	95. ×	96. ×	97. ×	98. √	99. ×
100. √	101. √	102. √	103. ×	104. √	105. √	106. ×	107. √	108. √
109. ×	110. √	111. ×	112. √	113. ×	114. ×	115. √	116. √	117. √
118. ×	119. √	120. √	121. √	122. √	123. ×	124. √	125. ×	126. √
127. √	128. ×	129. ×	130. √	131. ×	132. √	133. ×	134. ×	135. √
136. ×	137. √	138. ×	139. ×	140. √	141. ×	142. √	143. ×	144. ×
145. √	146. √	147. √	148. ×	149. √	150. √	151. √	152. ×	153. ×
154. √	155. ×	156. ×	157. ×	158. ×	159. ×	160. ×	161. √	162. ×

163. × 164. √ 165. √ 166. √ 167. × 168. √ 169. √ 170. √ 171. √ 172. √

五、简 答 题

1. 答:绘制不穿通的螺孔时,一般应将钻孔深度(2 分)与螺纹部分的深度(2 分)分别画出(1 分)。

2. 答:零件的主视图应选择最能显示零件形状特征的那个方向进行投影(5 分)。

3. 答:零件图选择视图在图样上的安放位置应按如下原则:(1)形状特征原则(1.5 分);(2)加工位置原则(1.5 分);(3)工作位置原则(1.5 分)。(全部答对 5 分)

4. 答:零件图是表示零件结构(1.5 分)、大小(1.5 分)及技术要求的图样(1.5 分)。(全部答对 5 分)

5. 答:在几何公差中,对于构成零件形状的点(1.5 分)、线(1.5 分)、面(1.5 分)统称为要素。(全部答对 5 分)

6. 答:规定其表面形状(2.5 分)和相互位置的公差(2.5 分)称为几何公差。

7. 答:共 20 级(2.5 分),分别是 IT01、IT0、IT1、IT2、IT3……IT16、IT17、IT18(2.5 分)。

8. 答:拉延、挤压工件中间退火的目的是为了消除加工硬化现象(1 分),降低硬度(1 分),提高塑性(1 分),进行再结晶退火(1 分)。(全部答对 5 分)

9. 答:冲压工艺是使板料经分离(2.5 分)或成形而得到制件的工艺(2.5 分)。

10. 答:改变生产对象的形状(0.5 分)、尺寸(0.5 分)、相对位置(0.5 分)和性质等(0.5 分),使其成为成品(1.5 分)或半成品的过程(1.5 分)称为工艺过程。

11. 答:制定工艺规程的一般步骤有确定工序尺寸及其公差(1 分),选择机床(1 分)、工艺装备(1 分)、切削用量时间定额(1 分),填写工艺文件等内容(1 分)。

12. 答:按夹具的通用特性分类夹具可以分为五类(2.5 分),分别是(1)通用夹具(0.5 分);(2)专用夹具(0.5 分);(3)可调夹具(0.5 分);(4)组合夹具(0.5 分);(5)自动线夹具(0.5 分)。

13. 答:机械制造过程中用来固定加工对象(1 分),使之占有正确的位置(1 分),以接受施工(1 分)或检测的装置(1 分)称为夹具。(全部答对 5 分)

14. 答:测量方法分为:(1)直接测量(0.5 分);(2)间接测量(0.5 分);(3)绝对测量(0.5 分);(4)相对测量(0.5 分);(5)接触测量(0.5 分);(6)非接触测量(0.5 分);(7)单向测量(0.5 分);(8)综合测量(0.5 分);(9)被动测量(0.5 分);(10)主动测量(0.5 分)。

15. 答:根据工作机构的不同,我国冲压设备可分为:曲柄压力机(1.5 分)、螺旋压力机(1.5 分)和液压压力机(1.5 分)三类。(全部答对 5 分)

16. 答:剪板机一般由床身(0.5 分)、工作台(0.5 分)、压料器(0.5 分)、刀架(0.5 分)、传动机构(1 分)和上下刀片(2 分)等结构组成。

17. 答:液压剪板机是借助于运动的上刀片(1 分)和固定的下刀片(1 分),采用合理的刀片间隙(1 分),对各种厚度的金属板材施加剪切力(1 分),使板材按所需要的尺寸断裂分离(1 分)。

18. 答:(1)低频力矩大、输出平稳(1 分);

(2)高性能矢量控制(1 分);

(3)转矩动态响应快、稳速精度高(1分);

(4)减速停车速度快(1分);

(5)抗干扰能力强(1分)。

19. 答:联合剪冲机具有结构紧凑(1分)、一机多能(1分),操作简单(1分),高效可靠(1分)等优点。(全部答对5分)

20. 答:因为振动冲型机的上剪刀与下剪刀相对倾斜(1分)可形成20°~30°的夹角(2分),两刀尖通常在接触状态(1分),剪裁时由于切口很小(1分),因而可以剪切曲线。

21. 答:振动冲型机的上剪刀(1分)可以通过手柄(1分)、丝杠(1分)、螺母调节高低(1分);下剪刀可以通过丝杠调节高低(1分)。

22. 答:机械传动按照传动方式可以分为:摩擦传动、链条传动、齿轮传动、皮带传动、蜗轮蜗杆传动、棘轮传动、曲轴连杆传动、气动传动、液压传动、万向节传动、钢丝锁传动、联轴器传动、花键传动。(答对五项即可得满分,每项1分)

23. 答:(1)由于空气的可压缩性大(0.5分),气压传动系统的速度稳定性差(1分),给系统的速度和位置控制精度带来很大的影响(1.5分)。

(2)气压传动系统的噪声大(1分),尤其是排气时,需要加消音器(1分)。

24. 答:可消除曲柄—连杆系统内的间隙(2分),在剪板机刀架往复运动时,运动部分的重量(1分)和运动时产生的惯性力(1分),将不断撞击偏主轴,如无平衡装置则加速轴承的损坏(1分)。

25. 答:有的剪板机设有弹簧平衡器。其作用是为了在剪切停止时提起刀架(1分),保证其处于上部位置(1分),并使刀架背面经常贴紧导轨(1分),以保证上刀片在剪切过程中的正确位置(2分)。

26. 答:与氧—乙炔火焰切割相比,等离子弧能力集中(1分)、切割变形小(1分)、能切割几乎所有的金属(1分),但由于切口较宽,被熔化的金属较多,板材较厚时切口不如氧 乙炔切割的那样光滑平整(2分)。

27. 答:卷板机的主要结构形式有对称三辊(0.5分)、不对称三辊(0.5分)、四辊(0.5分)、垂直下调式(0.5分)、水平下调式(0.5分)、横竖上调式(0.5分)及立式(0.5分)和闭式(0.5分)。(全部答对5分)

28. 答:常用卷板机有W11系列对称上调式三辊卷板机(1分)、W11系列非对称卷板机(1分)、W11XPC型水平下调式系列三辊卷板机(1分)和CDW11PC型立式三辊卷板机(1分)。(全部答对5分)

29. 答:冷冲压的优点有:生产效率高(1分)、操作简便(1分),制造批量生产时成本低(1分)、互换性好(1分),材料利用率高(1分)。

30. 答:数控机床的坐标系包括机床坐标系(2.5分)和偏移坐标系两种(2.5分)。

31. 答:机床坐标系又称为机械坐标系(1分),是机床运动部件的进给运动坐标系(1分),其坐标轴及方向按标准规定(1分),其坐标原点的位置则由各机床生产厂设定(2分)。

32. 答:数字控制机床,简称数控机床(1分),就是采用了数字控制技术的机床(2分),或者说明是装备了数控系统的机床(2分)。

33. 答:上刀片压入材料至一定深度后(1分),由于应力集中(1分),在剪刃处开始断裂,产生裂纹(1分)。压力继续加大,裂纹迅速扩张(1分),最后使材料断裂成两部分,完成剪切工作(1 分)。

34. 答:机械传动剪板机产生连刀的原因是:离合器作用不良(1 分),脱不开(1 分);制动器性能不好(1 分);离合器与制动器的连杆长度不合理等现象(2 分)。

35. 答:机械传动剪板机产生连刀故障的排除方法是:调节制动器的制动带(1.5 分),调整连接杠杆长度(1.5 分)和由检修工检修离合器(1.5 分)。(全部答对 5 分)

36. 答:(1)断面出现两层光亮区的分层撕裂现象(2 分);

(2)断面不垂直(1 分),出现一倾斜角(1 分);

(3)有长的毛刺(1 分)。

37. 答:(1)剪切边出现弯曲(局部的和全长的),尤其在剪切薄板中(1 分);

(2)工件整个弯曲(1 分);

(3)工件整个弯扭(1 分);

(4)工件表面有局部压痕(1 分);

(5)工件整个翘曲(1 分)。

38. 答:影响剪切质量的因素有:(1)剪刃间隙的影响(1 分);(2)压紧装置的压料力的影响(1 分);(3)定位装置的影响(1 分);(4)刀刃锋利程度的影响(1 分);(5)划线质量的影响(0.5 分);(6)操作的影响(0.5 分)。

39. 答:常见的剪切质量问题如下:(1)剪切断面(1.5 分);(2)剪切尺寸(1.5 分);(3)剪切变形(1.5 分)。(全部答对 5 分)

40. 答:振动剪切加工的特点是可以剪切厚度 2 mm 以下(2 分),曲率半径较大的内外轮廓切面(2 分),也可用于对成型后的大、中型工件进行切边(1 分)。

41. 答:为了可以在保证型钢能沿着整个外形一下子切断时(1 分),既可以避免在逐渐切断的场合下(1 分),材料所发生的扭曲现象(1 分),又可以使型钢沿着平面平稳地进行送料(2 分)。

42. 答:剪切开始时,上剪刃和板料仅有一部分接触(1 分),然后板料的一边被剪裂(1 分),再继续剪切时,板料便随上剪刃的下行而从裂口处裁开(2 分),逐渐分离成两部分(1 分)。

43. 答:(1)杠杆摆动式飞剪(1.5 分);

(2)回转式飞剪(1.5 分);

(3)滚筒式飞剪(1.5 分)。(全部答对 5 分)

44. 答:(1)剪切硬材料时的间隙应比剪切软材料时大些(1.5 分);

(2)板料愈厚,则间隙占板料厚的百分比值也愈大(1.5 分);

(3)采用平刃剪切时的间隙应比采用斜刃剪切时要大些(1.5 分)。(全部答对 5 分)

45. 答:(1)用样板检测简单(1 分);(2)检测时不需要专用设备(1 分),常用的是塞尺和适当的光源(0.5 分);(3)样板本身很轻(1 分);(4)检测效率高(1 分),能很快地得到检测结果,判断是否合格(0.5 分)。

46. 答:先将样板放在台面上对齐下刃口(1 分),调整角挡板并固定住(1 分),再根据样板调整后挡料架的挡板(1 分),在这种情况下是同时利用角挡板和后挡料架挡板(2 分)。

47. 答:限位法就是在不剪刃前面某一长度尺寸处(1 分),设置一个限位开关(1 分),每当板料运行时,其前端碰上限位开关(1 分),板料自行停止运动(1 分),随即剪板机自动下刀进行裁剪(1 分)。

48. 答:控制剪裁长度尺寸的方法有:(1)划线法(1.5分);(2)限位法(1.5分);(3)数控法(1.5分)。(全部答对5分)

49. 答:开卷线主要是由开卷机(1分)、导板装置(1分)、校平机(1分)、剪板机(1分)和接料车组成的(1分)。

50. 答:板料校平按照校平方式可以分为模具校平(1.5分)、手工校平(1.5分)和专门校平设备上校平(2分)。

51. 答:平板工件采用模具校平的方法有:薄板工件的校平方法(1.5分),厚板工件的校平方法(1.5分),加热校平方法(2分)。

52. 答:当工件的上、下表面不允许有压痕(1.5分),且平直度要求较高时(1.5分)或尺寸轮廓较大时(1.5分),可采用在压力下加热的校平方法(0.5分)。

53. 答:型钢矫直机不仅可以对型钢进行矫直,还可以矫正型钢的断面形状(5分)。

54. 答:(1)曲柄压力机的离合器易产生故障的原因是转键拉簧断裂(1分)或拉簧太松,转键外部断裂(1分)。(2)故障性质是脚踏开关后,离合器不起作用(2分)。(3)排除方法是更换拉簧,更换新的转键(1分)。

55. 答:流线(0.5分)和爆花(0.5分)的色泽(0.5分)、数量(0.5分)、形状(0.5分)、大小(0.5分)同钢材的化学成分(1分)和物理特性有关(1分),这就是砂轮磨削火花鉴别钢材材质的依据。

56. 答:火束呈较明亮的橙黄色泽(1分),流线多而细长(1分),尾部略带下垂(1分),节点和爆花增多(1分),爆花多为三次爆花(1分)。

57. 答:机械矫正常用的方法有:拉伸机矫正(1.5分),压力机矫正(1.5分)和辊式矫正(1.5分)三种。(全部答对5分)

58. 答:排样形式有直排(1分)、单行排(1分)、多行排(1分)、斜排(1分)、对头直排和对头斜排等(1分)。

59. 答:为了保护操作者的人身安全(2分),迫使操作者在操作设备时双手不能有多余动作(2分),以免造成误操作(1分)。

60. 答:在实际剪裁工作中,由于剪刃的锋利情况不同(1分)、剪刃间的间隙大小的变化(1分)、材料的厚度(1分)及表面情形不一样(1分),因此剪切力P值亦不相等,所以要增加1.3倍的修正系数(1分)。

61. 答:剪切变形的主要受力特点是构件受到与其轴线相垂直的大小相等(1分)、方向相反(1分)、作用线相距很近的一对外力的作用(1分),构件的变形主要表现为沿着与外力作用线平行的剪切面发生相对错动(2分)。

62. 答:千分尺由尺架(1分)、测微装置(1分)、测力装置(1分)和销紧装置等组成(1分)。(全部答对5分)

63. 答:先从名义尺寸中减去所使用的内径千分尺测量范围的下限(2分),再依次减去接长杆由长到短的尺寸(2分),直到剩余的尺寸小于13 mm为止(1分)。

64. 解:386－75＝311(mm)

311－200－100＝11(mm)(2.5分)

答:接长杆为200 mm和100 mm(2.5分)。

65. 答:(1)连刀在脚离开踏板后,剪刀又连续下切数次(2分);

(2)刀刃间隙不适当,出现间隙过大或过小(2分);

(3)踩闸不下刀(1分)。

66. 答:剪板机刀刃间隙不适当应采取的维护措施是在严格选择好刀片的基础上(1.5分),调整好下剪刃座定位螺栓(1.5分),使刀刃间隙合乎要求为止(1.5分)。(全部答对5分)

67. 解:(0.02/1 000)×200=0.004(mm)(2.5分)

答:在200 mm上的高度差为0.004 mm(2.5分)。

68. 答:工作机械的电气控制线路是由(1)动力电路(1分)、(2)控制电路(1分)、(3)信号电路(1分)、(4)保护电路组成的(1分)。(全部答对5分)

69. 答:5S是指整理(0.5分)、整顿(0.5分)、清洁(0.5分)、清扫(0.5分)、素养等五个项目(0.5分),因日语的罗马拼音均为"S"开头,所以简称为5S(2.5分)。

70. 答:(1)为用户服务的观点(1分)。(2)控制产品质量形成的全过程的观点(1分)。(3)全员管理的观点(1分)。(4)用数据说话的观点(1分)。(全部答对5分)

六、综 合 题

1. 答:尺寸允许偏差是对实际尺寸偏离公称尺寸的限定(3分)。即对可能出现的上偏差规定一个极限值(2分),同时对可能出现的下偏差规定一个极限值(2分),分别称为上允许偏差和下允许偏差,以此作为产品在尺寸方面是否符合规定要求的判定依据(3分)。

2. 答:按产品零件的某一工艺阶段编制的一种工艺文件(3分),它以工序为单元(1分),详细说明产品的某一工艺阶段的工序号(1分),工序名称(1分),工序内容(1分),工艺参数(1分),操作要求以及采用的设备(1分)和工艺装备(1分)。

3. 答:建立内容完整的工艺文件是工艺管理的重要内容(2分)。工艺文件既是产品生产的依据(1分),又是执行工艺纪律的重要依据(1分),工艺文件(例如工艺卡或工艺过程卡)中除注明一般工艺过程外(1分),还应包括有关安全内容(1分),每小时产量(1分),作业要点(1分),采用的保护装置(1分)和措施等(1分)。

4. 解:如图1所示:

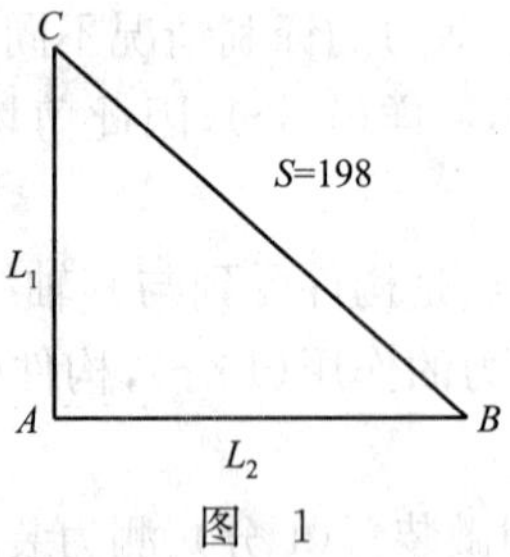

图 1

因为△ABC是等腰直角三角形(已知)

所以:$L_1=L_2$ L_1和L_2所对的角为45°(三角形内角和等于180°)(2分)

计算 $L_1/S=\sin 45°$ $S=198$ mm(已知)(2分)

所以:$L_1=198\times0.707=140$(mm)(3分)

答:两直角边最小是140 mm(3分)。

5. 答:剪板机的传动机构通常是由电动机经过带轮(1分)、减速齿轮(1分)、飞轮而带动主轴(1分),主轴装有两个曲柄连杆结构(1分),并带动滑板作上、下往复运动(2分),主轴的运动则由离合器(2 分)与制动器加以控制(2 分)。

6. 答:剪板机的刀架一般是用钢板焊接(2 分)或铸钢铸成的(2 分)。刀架由连杆带动,在床身两侧的固定导轨上作上、下往复运动(2 分)。其底部边缘切有一直槽,以固定上刀片(2 分)。在刀架的后面有斜柱支撑,用以增加其强度,并使上刀片在工作时不至于弯曲或扭曲(2 分)。

7. 答:剪板机的上、下刀片都做成矩形截面的长条,且刃磨成上、下对称的 4 个刃口(剪切角为 90°),以增加使用次数(2 分)。刀架沿前倾直线运动的剪板机,上刀片可以具有 2 个刃口或 4 个刃口(2 分);刀架沿弧线运动的剪板机,上刀片只有 2 个刃口,且上刀片在全长上要做成一个空间曲面,以保证刀片间间隙一致(2 分)。上、下刀片用螺钉分别固定在刀架及工作台面上(2 分)。刀架上固定上刀片的螺钉孔可做成椭圆形,以随时调节其斜角的大小(2 分)。

8. 答:在圆盘剪板机机座的上部,装有向外伸出的两轴,其端部装有上、下滚刀,电动机通过皮带轮及一组圆柱齿轮,分别带动摆动轴和传动轴,二轴又分别通过锥齿轮带动上、下两个圆盘滚刀产生同速的反向运动(2 分)。剪板时,将板料送入两滚刀之间,在上、下滚刀刃的剪切作用下将板料切断(2 分)。工作时,先在板料上划好线,用人工托住板料,沿划线位置送进滚刀进行剪切(2 分)。虽然滚刀与板料之间的摩擦力可以起到自动送料的作用,但仍需由人工控制进料方向,否则很容易造成废品(2 分)。剪内孔时,应准确使用操纵手柄,及时提起和降落上刀片,按划线进行加工(2 分)。

9. 答:使用圆盘剪切机剪切板料时,应根据材料厚度调整转速和剪刀间隙(2 分),正常间隙为:垂直方向为 $t/3$(t 为材料厚度),水平方向为 $t/4$(2 分),当剪刃位置重叠时,应使重叠深度以 $t/5 \sim t/3$ 为宜,这样弧线很短,便于曲线剪切(2 分);垂直方向的间隙,可通过上滚刀进行调整(2 分);水平方向的间隙,则通过下滚刀进行调整(2 分)。

10. 答:(1)可剪切的板料厚度(mm)(1.5 分);

(2)可剪切的板料宽度(mm)(1.5 分);

(3)喉口深度(mm)(1.5 分);

(4)上剪刃倾斜角度(度)(1.5 分);

(5)剪机活刀刃行程次数(n/min)(2 分);

(6)被剪钢板抗拉强度(N/mm^2)(2 分)。

11. 答:主要由以下各部件构成:

(1)床身:有铸造结构和钢板焊接结构两种,包括左、右立柱、前后横梁、工作台滑料板、托料架等(2 分)。

(2)传动机构:机械传动机构是由电动机通过皮带轮减速器齿轮带动主轴,主轴上有两个曲柄连杆带动滑板作上下往复运动(2 分)。液压传动机构由液压油泵给工作油缸供油,通过机构,使滑板作上下往复运动(2 分)。

(3)工作机构,由刀架及上下刀片组成(2 分)。

(4)辅助机构,包括压料器、挡料装置等(2 分)。

12. 答:大多数升降机采用单向油缸(1 分),上升时,叶片泵输出高压油通过一系列控制阀及管路进入油缸下部(2 分),推动油缸上行,带动平台举升(2 分);下降时,叶片泵停止,控制阀打开泄油回路(2 分),平台在自重作用下缓慢下降(1.5),油缸中的液压油被挤出泄油(1.5)。

13. 答:振动冲型机的工作原理是通过 V 形带带动带轮转动,使轴获得旋转运动(2 分);

通过键使偏心轮转动，从而使偏心套产生振动（2 分）；经过连杆带动上滑块作上、下往复运动（2 分）。上、下滑块连接在 T 形槽上，下滑块上装有上剪刀，因而上剪刀在滑块带动下作短行程及高行程次数的上、下振动（2 分），下剪刀固定不动，由于上剪刀作快速振动，并与下剪刀配合，就可以连续切割板料（2 分）。

14. 答：在剪切内孔轮廓时，须先将切口分开一定距离，以便使板料伸入（2 分）。切口程度的大小，可根据曲率半径大小确定：（2 分）当被切材料曲率半径较小时（25～35 mm），切口长度应保持在 3～5 mm（3 分）；曲率半径较大时（35～50 mm），切口长度可增加至 7～10 mm（3 分）。

15. 答：液压传动区别于其他传动方式，主要有以下两个基本特征：

（1）力（或力矩）的传递是按照帕斯卡定律进行的（5 分）；

（2）速度（或转速）的传递是按"体积变化相等"的原则进行的（5 分）。

16. 答：（1）液压传动装置的输出力大，质量轻，体积小（2 分）；

（2）可自动实现过载保护（2 分）；

（3）可方便地实现无级调速，调速范围大，响应速度快（2 分）；

（4）可方便地实现压力有级调节、无级调节和连续调节（2 分）；

（5）可实现机、电、液联合控制，便于自动控制（2 分）。

17. 答：稀油润滑的优点是：内摩擦系数小，因而消耗于克服摩擦力的能量较小（2 分）；流动性好，易进入摩擦表面的各个润滑点（2 分）；采用循环润滑时冷却作用好，并可将粘附在摩擦面上的杂质和研磨产生的金属微粒带走（2 分）。缺点是：密封困难，润滑油容易流出（2 分），降低润滑性能，并把周围工作环境弄脏（2 分）。

18. 答：（1）剪切边不直，呈现折线状和旁弯状（2.5 分）；

（2）方形工件不对直角（2.5 分）；

（3）长度尺寸不正确（大于或小于图纸规定的长度尺寸公差）（2.5 分）；

（4）角度不正确（大于或小于图纸规定角度公差）（2.5 分）。

19. 答：提高剪切质量可以采取以下措施：

（1）按合理的间隙调整好剪刃间隙（2 分）；

（2）按选择剪刃的注意事项更换剪刃（2 分）；

（3）检查和及时检修剪板机设备的各部位（2 分）；

（4）认真按工艺规程的要求进行划线和剪切操作（2 分）；

（5）选用合适的剪板机（2 分）。

20. 答：直刃剪切是将被剪板料置于上下相平行的剪刃之间（2.5 分），上剪刃与被剪板料在整个宽度方向上是同时接触的（2.5 分），在压力由零增加到与材料的抗剪力相等时（2.5 分），板料在整个宽度上同时被切断（2.5 分）。

21. 答：振动剪切是板料在上下两剪刃间（2 分），下剪刃固定（1 分），上剪刃用一般机械传动（用滑块通过连杆和偏心轴机构）紧靠固定的下剪刃（2 分），作每分钟达 1 000～2 000 次的快速往复振动（1 分），使两刃经常处在接触状态（2 分），板料就在上剪刃的振动和下剪刃的配合作用下而被剪切（2 分）。

22. 答：在剪裁时并不是所有的剪刃在宽度上都同时参加剪切（2 分），而是仅有一部分接触板料参加剪切（2 分），故剪切力较平刃剪切显著降低（2 分）。剪刃受力的宽度将随上剪刃的倾斜度(2 分)和剪床的形式而变化(2 分)。

23. 答:(1)在校平机出口处到剪板机前一段距离内,设置一较长距离的缓和区(2 分),可做成活套坑式(2 分)或活动板料托架式(2 分)。

(2)在剪板机的入口处设置一对既可以左右开合又可以同时同向左右移动的立式靠辊(4 分)。

24. 答:影响因素有:(1)材料的力学性能,硬材料的搭边值要小些,软材料、脆材料的塔边值要大些(2 分);(2)材料的厚度,材料越厚,搭边值越大(2 分);(3)冲裁件的外形与尺寸,零件外形越复杂,圆角半径越小,搭边值越大(2 分);(4)冲裁件的送料及挡料方式,手工送料,有侧压装置的搭边值可以小些,用侧刃定距比用挡料销定距的搭边值小一些(2 分);(5)冲裁过程中所使用的卸料方式,弹性卸料比刚性卸料的搭边值小一些(2 分)。

25. 答:(1)钢丝绳的固定端,该处易锈蚀和松脱,必须经常检查(2 分);

(2)钢丝绳经常绕过滑轮的弯曲区域(2 分),特别是平衡轮处的钢丝绳(2 分);

(3)经常与外部构件碰撞(2 分),摩擦和易于磨损的区段(2 分)。

26. 答:选择钢丝绳应根据使用及工作条件进行合理的选择:(2 分)

(1)根据不同用途选择不同规格的钢丝绳(2 分),当钢丝绳需穿过滑车或作千斤绳使用时,应选柔性较好的钢丝绳(2 分);

(2)根据受力的大小选择不同直径的钢丝绳(2 分);

(3)根据抗冲击及抗弯强度来选择(2 分)。

27. 解:根据公式 $A=PB\tan\varphi/1\,000$(3 分)

$=5\,700\times1\,000\times0.14/1\,000=798$(2 分)(N·m)(2 分)

答:机床所需要的功为 798N·m。(3 分)

28. 解:根据公式:$P_0=0.5t^2\tau_0/\tan\varphi$(3 分)

$=0.5\times2^2\times400/0.14$

$=5\,714$(N)(2 分)

实际剪切力为:$P_n=KP_0=1.3\times5714=7\,428$(N)(2 分)

答:实际所需剪切力为 7 428N(3 分)。

29. 答:斜刃剪切可按下式计算 $P_0=0.5t^2\tau_0/\tan\varphi$(2 分)

P_0——理论剪切力(N)(2 分);　　t——被剪材料厚度(mm)(2 分);

τ_0——材料的抗剪强度(N/mm²)(2 分);　　$\tan\varphi$——剪刃倾斜角度(′)(2 分)。

30. 解:根据公式 $A=\lambda Pt/1\,000$(3 分)

$=0.5\times800\,000\times2/1\,000$

$=800$(2 分)(N·m)(2 分)

答:机床所需要的功为 800N·m(3 分)。

31. 解:根据公式:$P_0=Bt\tau_0$(3 分)

$=1\,000\times2\times400$

$=800\,000$(N)(2 分)

实际剪切力为:$P=KP_0=1.3\times800\,000$ N$=1\,040\,000$(N)(2 分)

答:实际所需剪切力为 1 040 000 N(3 分)。

32. 答:平刃剪切力可按下式计算:$P_0=L\times t\times\tau_0$(2 分)

P_0——理论剪切力(N)(2分)； L——被剪材料长度(mm)(2分)；
t——被剪材料厚度(mm)(2分)； τ_0——材料抗剪强度(N/mm^2)(2分)。

33. 解：根据公式：$L=a+b+\pi(R+xt)$(3分)
$=120+120+3.14(80+0.5\times4)$
$=497.48$(mm)(4分)

答：此零件展开长度是497.48 mm(3分)。

34. 解：(1)圆弧部分中性层长度A为
$A=\pi(r+x_0t)\alpha/180°$(2分)
$=3.14\times(16+0.41\times4)\times120°/180$
$=36.93$(mm)(2分)
(2)总长为
$L=L_1+L_2+A$(2分)
$=50+100+36.93$
$=186.93$(mm)(2分)

答：工件展开长度为186.93 mm(2分)。

35. 答：在螺旋测微器的固定套筒上刻有轴向中线，作为微分筒的读数基准线(2分)，在中线两侧，刻有两排刻线，刻线间距均为1 mm，上下两排相互错开0.5 mm(2分)。测微螺杆的螺距为0.5 mm，与螺杆固定在一起的微分筒的外圆上有50个等分的刻度(2分)。当微分筒转一周时，螺杆的轴向位移为0.5 mm(2分)，如微分筒只转一格时则螺杆的轴向位移为0.5/50=0.01 mm(2分)。

剪切工(高级工)习题

一、填 空 题

1. 装配图标题栏的内容包括:机器或部件的名称、图号、比例以及图样的(　　)签字等内容。

2. 装配图中当零件厚度小于 2 mm 时,可以用(　　)代替剖面线。

3. 装配图应能清楚的反映各零件的相对位置和(　　)关系。

4. 表示机器或部件的工作原理、结构形状和零件间装配关系的图样称为(　　)。

5. 轴测图因其直观易读,常被采用作技术文件的(　　)图样。

6. 用正投影法在轴测投影面上画出的轴测图,称为(　　)轴测图。

7. 轴测图的全称是轴测(　　)图。

8. 用平行投影法,将物体连同确定其空间位置的直角坐标轴一起投射到(　　)投影面上所得到的图形称为轴测投影图。

9. 装配图两零件的接触面和配合面只画(　　)线。

10. 根据实物,通过测量,绘制出实物图样的过程称为(　　)。

11. 锥度是指正圆锥底圆(　　)与圆锥高度之比。

12. 一直线或平面,对另一直线或平面的倾斜程度叫(　　)。

13. 一条直线或曲线围绕固定轴线旋转而形成表面,这条直线或曲线通常称为(　　)。

14. 曲面体的截交线是(　　),平面体的截交线是直线。

15. 曲面体是由曲面或曲面和(　　)所围成的几何体。

16. 基孔制的孔称为(　　)。

17. φ45k7/h6 是基(　　)制。

18. 在有明显经济效果的情况下采用(　　)制。

19. 采用(　　)制可减少定值刀具、量具的规格数量。

20. 允许间隙和过盈的变动量称为(　　)。

21. 配合制的选择基本上与使用要求(　　),主要应从生产、工艺的经济性和结构的合理性等方面综合考虑。

22. 金属材料抵抗冲击载荷作用下而不破坏的性能叫(　　)。

23. 常用硬度的表示方法为(　　)洛氏硬度。

24. 常用的硬度指标有布氏硬度和(　　)。

25. 剪切刃口下的材料,由零压力增到一定压力,当除去压力,板料不能恢复原状,产生弯曲此时是(　　)变形。

26. 一般情况下,金属强度越高,则其塑性越(　　)。

27. 塑性的主要指标是(　　)和断面收缩率。

28. 金属材料在断裂前发生塑性变形的能力称为(　　)。

29. 金属塑性变形的实质是金属晶粒内部发生了(　　)和孪生。

30. 由许多(　　)组成的晶体称为多晶体。

31. 纯金属的结晶过程是形核和晶核(　　)的过程。

32. 金属的同素异构转变是在(　　)下进行的。

33. 同素异形体的特点是指组成元素的晶体结构不同,元素(　　)。

34. 机械零件产生疲劳现象的原因是材料表面或(　　)有缺陷。

35. 金属和合金中的(　　)使得力学性能变坏,故必须加以消除。

36. 在一定的温度条件下,冲击韧性指标的实际意义在于提示材料的(　　)倾向。

37. 晶体在不同的方向上有不同的物理性质,称之为各向(　　)。

38. 能够完全地反映晶格特征的(　　)几何单元称为晶胞。

39. 翻边变形区受力中,最大主应力是(　　)。

40. 利用探伤器检验金属制件内部缺陷(如隐蔽的裂纹、砂眼、杂质等)的一种方法称为(　　)。

41. 按照电器在控制系统中的作用可分为:控制电器和(　　)两类。

42. 按照电器的动作方式可分为手动电器和(　　)两类。

43. 低压电气设备安全管理条例规定,在(　　)m 以上高处工作时要扎安全带。

44. 桥架型起重机可以分为门式起重机和(　　)。

45. 固定起重机、运行式起重机、爬升式起重机、便携式起重机、随车起重机、辐射式起重机是按起重机的(　　)分类的。

46. 使挂在起重吊钩或其他取物装置上的重物在空间实现垂直升降和水平运移的起重机械称为(　　)。

47. 有效起重量是指起重机能吊起的重物或物料的(　　)。

48. 当臂架倾角最小或小车离起重机回转中心距离最大时,起重机幅度为(　　)幅度。

49. 起重机各机构一般都采用分散和(　　)两种润滑方法。

50. 中小起重量的起重机润滑一般都采用(　　)。

51. 桥架两端通过运行装置直接支撑在高架轨道上的桥架型起重机称为(　　)。

52. 桥式起重机是工矿企业应用广泛的起重吊运设备,它通过垂直与(　　)的合成运动,可在轨道允许的范围内完成各种吊运工作。

53. 桥式起重机大车运行机构的驱动方式一般采用(　　)驱动。

54. 利用螺杆和螺母组成的螺旋副来实现传动要求的,主要用于将回转运动变为直线运动,同时传递运动和动力的传动方式称为(　　)。

55. 斜齿轮的法向指的是与斜齿轮截面(　　)的方向。

56. 斜齿轮的端面指的是(　　)于斜齿轮轴线的平面。

57. 齿轮在工作过程中由于某种原因而损坏,使其失去正常工作能力的现象称为(　　)。

58. 齿面点蚀这种失效形式多发生在(　　)条件良好的闭式齿轮传动中。

59. 采用变位齿轮,能使小齿轮齿根厚度(　　),使大、小两齿轮轮齿的弯曲强度大致相等。

60. 齿轮传动的优点是:传动比大而准确;线速度高;(　　)能力大。

61. 蜗杆传动由蜗杆和蜗轮组成，一般(　　)为主动件。

62. 利用带作为中间挠性件来传递运动或动力的一种传动方式称为(　　)。

63. 多从动轮带传动，从动轴和主动轴转向不同时，可采用(　　)。

64. 液压传动是用(　　)作为工作介质来传递能量和进行控制的传动方式。

65. 液体压力总是(　　)作用于液体内任意表面。

66. 液压传动对(　　)变化较敏感，这会影响它的工作稳定性。

67. 液压传动中液压泵和液压马达之间用(　　)连接，在空间布置上彼此不受严格限制。

68. 液压系统按照控制方式的不同可以分为液压传动系统和液压(　　)系统。

69. 定期对液压系统中的某些元器件进行检查、性能测定，以便确定其修复或更换的检查方式称为(　　)。

70. 气压传动的气源一般由(　　)提供。

71. 气动执行元件包括(　　)和气动马达。

72. 空气压缩机的种类很多，按工作原理不同可分为动力式和(　　)。

73. 气压传动的工作介质是(　　)，取之不尽，用之不竭。

74. 一般压力机的导轨应用最普遍的是(　　)。

75. 主要用于被连接件都不太厚，并能在连接两边进行装配的场合的连接方式是(　　)。

76. 螺纹连接采用的弹簧垫圈防松的方式属于(　　)防松。

77. 按滚动轴承能承受的载荷方向分类，可将轴承分为向心轴承，推力轴承和(　　)三类。

78. 将卷料打开，并使之展开为平整的板料，以供剪裁的生产方式称为(　　)。

79. 蓄能器的种类主要有弹簧式和(　　)两种。

80. 安装滤油器时应注意，一般滤油器只能(　　)使用，即进、出口不可互换。

81. 常用机械设备的电气工程图有三种：电气原理图、(　　)、元件布置图。

82. 油雾器是在气动装置中为气动元件(　　)而装置的。

83. 液压机按用途可分为手动液压机、锻造液压机和(　　)液压机等。

84. 按作用力方向区分，液压机有立式和(　　)两种。

85. 液压机的工作原理是利用(　　)原理。

86. 设备常用字母和数字表示，液压设备的第一个字母是(　　)。

87. 液压泵是能量转换装置，它是液压系统中的(　　)元件。

88. 当液压泵的进、出口压力差为零时，泵输出的流量即为(　　)流量。

89. 液压缸的泄漏主要是由压力差和(　　)造成的。

90. 液压缸是将液压能转变为(　　)的、做直线往复运动(或摆动运动)的液压执行元件。

91. 液压缸执行工作前应该打开(　　)。

92. 液压缸活塞运动速度只取决于(　　)的大小，与压力无关。

93. 调速阀是用(　　)和定差减压阀串联而成的。

94. 在液压系统中用于调节进入元件的液体流量的阀是(　　)。

95. Q11-20×2500 型剪板机当被剪板料的极限强度≤480 MPa 时，可剪最大板厚为(　　)，板宽为 2 500 mm。

96. 上刀架向下运动时，与上刀片和下刀片贴合的两垂直支承面间的距离只许(　　)。

97. 检验刀片刃口间隙的均匀度的检测工具是(　　)。

98. 剪板机工作精度检验在距试件端部(　　)倍板厚长度范围内不作试验。

99. 辊式板料校平机的传动方式有液压传动式和(　　)。

100. 通常金属板料的校平方式有(　　)和热矫正两种方式。

101. 一般适用于造船、航空工业,用于卷 8 m 以上非封闭弧形工件的卷板机是(　　)。

102. 曲柄压力机上的摩擦离合器,按其工作情况可分为干式和(　　)两种。

103. 中、大型压力机一般只采用干式或湿式(　　)离合器。

104. 浸在油液中,在摩擦面上形成油膜,靠油膜的剪切抗力来传递扭矩的是(　　)离合器。

105. 摩擦离合器可实现滑块的(　　)行程。

106. 离合器是属于压力机的(　　)系统。

107. 抽键式离合器的分离是通过抽键从(　　)凹槽内抽出来实现的。

108. 辊式送料装置有立辊和(　　)两种形式。

109. 辊式送料装置都是用上辊与下辊夹持材料,用辊的(　　)送进薄板或带卷材料。

110. 双边卧辊在送进辊和牵引辊都装有辊轴,常是(　　)送料。

111. 单工位夹钳式送料装置结构比较简单,送料精度比较高,但是送料进距是(　　)。

112. 曲柄压力机按床身结构还可分为:开式曲柄压力机和(　　)曲柄压力机。

113. 曲柄压力机,采用(　　)曲柄连杆机构,这种压力机称为四点压力机。

114. 曲柄压力机是将末级齿轮传递过来的旋转运动,通过(　　)转换为滑块沿导轨的往复运动。

115. 曲柄连杆机构不但能使旋转运动变成往复直线运动,还能起(　　)作用。

116. 交流电动机按所使用电源可分为(　　)电动机和三相电动机两种。

117. 同步电动机功率因数高,转速与负载大小无关,只决定于(　　)频率。

118. 电动机是一种将电能转换成(　　),并输出机械转矩的动力设备。

119. 电动机主要是由定子和(　　)组成的。

120. 用于含有电液伺服阀及其他精密元件的液压系统的液压油是(　　)。

121. 液压油杂质含量鉴别时若油箱底沉淀有大量金属细屑,则说明主油泵或(　　)已经严重磨损。

122. 矫形设备均是使金属材料产生(　　)变形,使工件局部尺寸得以改变。

123. 应用变频技术与微电子技术,通过改变电机工作电源频率方式来控制交流电动机的电力控制设备称为(　　)。

124. 变压器运行中在正常温度下,油位突然升高或降低时,应检查(　　)有无堵塞。

125. PLC 电源的输入类型有(　　)和直流电源。

126. 电机、电器的外壳,可能带电的金属部位必须采用(　　)。

127. 接地线与电机、电器等外壳以及可移动的金属框架等应以(　　)连接,并加弹簧垫圈。

128. 数控机床的诊断方法有(1)常规检查(2)(　　)诊断法(3)备件置换法(4)参数检查法(5)测量比较法(6)敲击法(7)逻辑线路追踪法(8)节点(PC 接口)诊断法(9)用通用或专用诊断软件诊断法。

129. 数控机床在正常运行中的诊断称为(　　)。

130. 润滑系统出现油管碰破故障时的消除方法是(　　)。

131. 油泵最容易出现的故障是(　　)。

132. 剪板机的液压阀发生油液黏度变化的故障时的消除方法是(　　)。

133. 孔的位置靠近弯曲中心线时,应(　　)。

134. 聚丙烯一类塑料的剪切分离是由于(　　)切断。

135. 剪冲压画线工具的选择是按画线(　　)的要求决定的。

136. 合理的排样能充分利用材料,但是不允许(　　)排样。

137. 在保证工件质量的前提下,如何充分利用材料的排样方法称为(　　)。

138. 无废料排样法适用于对于(　　)要求不高的工件。

139. 对于批量大的零件,在排样过程中,应尽量应用(　　)来排样。

140. 对于批量小的零件,在排样过程中,可以用(　　)排样。

141. 钢中的碳是形成火花的基本元素,当钢中含有锰、硅、钨、铬、钼等元素时,它们的氧化物将影响火花的线条、(　　)和状态。

142. 火花鉴别时,高速钢 W18Cr4V 的尾花呈(　　)。

143. 钢材经抛丸除锈后,表面清洁度不低于 GB 8923 标准中的 Sa2.5 级,表面粗糙度 30～60 μm,不符合标准不能涂漆,检查方法为(　　)检测法。

144. 零件上两个或两个以上的点、线、面间的相互位置在加工后所形成的误差是(　　)误差。

145. 实际被测要素对理想被测要素的变动称为(　　)误差。

146. 测量误差有:绝对误差和(　　)误差。

147. 零件机械加工误差是加工后零件实际几何参数与图纸要求的理想几何参数的(　　)程度。

148. 工艺过程的基本组成部分是(　　)。

149. 冲裁件应合理设计工件(　　),以节省材料,提高冲模的寿命。

150. 防止剪切误差的措施有:(1)板料的压紧,(2)防止旋转,(3)剪切方式的选择,(4)剪切角度,(5)根据材料选择合理的间隙,(6)(　　)。

151. 划线时,为简化换算过程,应先分析图样找出(　　)。

152. 只需在工件的一个表面上划线后,就能明确表示(　　)的划线方法称为平面划线。

153. 大批量同样工件划线时,应根据(　　)的尺寸,形状的要求,先制作样板,以此为基准进行划线。

154. 划线加工要有明确的(　　)界限。

155. 最基本的、应用最广泛的放样方法是(　　)放样。

156. 放样展开中对于比较复杂的工件,广泛采用的是(　　)。

157. 实体放样的比例是(　　)。

158. 电火花加工时要对(　　)进行过滤。

159. 利用火花放电使金属熔化或气化,并将熔化或气化了的金属去除掉,从而实现各种形状的金属零件的加工的加工方法称为(　　)加工。

160. 线切割加工是用连续移动的(　　)作为电极。

161. 线切割加工所用冷却液必须采用(　　)。

162. 通常起重机选用公称抗拉强度为(　　)的钢丝绳。

163. 钢丝绳的钢丝直径不宜小于(　　),太小容易磨损。

164. 在高温环境中使用的起重机,应选用(　　)的钢丝绳。

165. 当钢丝绳磨损或腐蚀表面钢丝绳直径达40%时,没有产生断丝也应(　　)。

166. 内径百分表测头所移动的距离与指示表的示值(　　)。

167. 量具按用途分为三类:百分表属(　　)量具。

168. 几何精度的直线度、平行度、垂直度的测量若采用线值法,可用的量具是(　　)。

169. 对于百分表,要根据被测工件的形状和材料来选择测头,通常球形工件用(　　)。

170. 百分表小针是指示大针的(　　)数。

171. 百分表的刻度盘圆周上刻成(　　)等分。

172. 百分表的分度值是(　　)mm。

173. 平面度或直线度检验时用刀口尺、三棱尺,也可采用(　　)法测量。

174. 游标高度尺的读数部分由尺身(主尺)和游标(副尺)组成,二者的刻线间距不同,其间距的差值就是游标量具的(　　)(又称读数值、刻度值等)。

175. 深度千分尺测量深度为0～25 mm时,示值误差小于(　　)。

176. 块规使用一般不超过(　　)块。

177. 设备点检状态分为静态点检和(　　)。

178. 设备要进行:当班日检查;班组检查;车间月检查;工厂季检查和(　　)。

179. 标准化是指制定标准,贯彻标准和修定标准的(　　)过程。

180. 国际标准化组织的简称是(　　)。

181. 技术标准是指对标准化对象的(　　)特征加以规定的那一类标准。

182. 精益生产的两大支柱是(　　)和自动化。

183. TPM就是以(　　)为切入点,让企业点点滴滴追求合理化的过程。

184. “PDCA”循环中的“D”是(　　)阶段,也就是按预定计划、目标、措施及其分工安排,小组成员分头实施。

185. QC活动有利于预防质量问题和(　　)质量。

186. 控制图是分析和(　　)工序是否处于稳定状态所使用的带有控制界限的图形。

187. 分层法也称分类法或分组法,可以通过(　　)或图形表示。

188. 时间定额是在一定的技术组织条件下,所制定的为完成(　　)产品或某项工作(如一个工序)应消耗的时间。

189. 单件时间定额是指完成工件(　　)工序的时间定额。

190. 排列图是为寻找影响质量的(　　)原因所使用的图。

191. ERP的最大特点是(　　)。

192. ERP集成性主要体现在数据的集成和(　　)的集成。

二、单项选择题

1. 装配图是表达设计意图、指导生产、交流技术的重要工具,同(　　)一样,是生产中依据的重要技术文件。

(A)零件图 (B)局部图 (C)部件图 (D)剖面图

2. 用剖切平面完全地剖开零件,所得的剖视图称为(　　)。

(A)剖面 (B)全剖视 (C)半剖视 (D)局部剖视

3. 物体上的直线在轴测投影图上为(　　)。

(A)点 (B)曲线 (C)折线 (D)直线

4. 正等测图的三坐标轴的各轴间的夹角均为(　　)。

(A)60° (B)100° (C)120° (D)150°

5. 在装配图中对个别零件的形状尚未表达清楚时,可单独画出该零件的视图、剖视图或剖面图等,并在视图(　　)注明某零件。

(A)左边 (B)上方 (C)右边 (D)下方

6. 在装配图中,运动件的极限位置或不属于该部件的某零件、部件,可用(　　)线画出其外形轮廓。

(A)虚线 (B)点画线 (C)双点画线 (D)细实线

7. 装配图如相邻两零件不接触,如间隙过小,应(　　)画出。

(A)用一条线 (B)夸大 (C)用涂黑 (D)用文字说明

8. 轴套类零件大多数是由位于同一轴线上数段直径不同的回转体组成的,其轴向尺寸一般比径向尺寸(　　)。

(A)大 (B)小 (C)一样大 (D)无关系

9. 轮盘类零件的主体一般也是回转体,其轴向尺寸比径向尺寸(　　)。

(A)大 (B)小 (C)一样大 (D)无关系

10. 截交线是截平面与形体表面的(　　)。

(A)相交线 (B)共有线 (C)独立线 (D)分界线

11. 在孔与轴的配合中,国家标准规定采用(　　)基准制。

(A)两种 (B)三种 (C)四种 (D)五种

12. 基孔制的下偏差为(　　)。

(A)零 (B)正数 (C)负数 (D)任意数

13. 标准规定的基轴制其(　　)。

(A)上偏差为零 (B)下偏差为零

(C)基本尺寸等于最小极限尺寸 (D)基本尺寸小于最小极限尺寸

14. 基孔制的代号是(　　)。

(A)h (B)H (C)k (D)N

15. 配合反映的是基本尺寸(　　)、相互结合的孔和轴的公差带之间的关系。

(A)1.5 倍关系 (B)2 倍关系 (C)相差较大 (D)相同

16. 过盈配合,即孔的尺寸减去与其配合的轴的尺寸所得的代数值为(　　)。

(A)正值或零 (B)负值或零 (C)零 (D)正值

17. 基本尺寸相同的,相互结合的孔和轴的(　　)之间的关系,称为配合。

(A)极限偏差 (B)尺寸偏差 (C)公差带 (D)实际尺寸

18. 保持组成配合的两零件中的一个零件(轴或孔)的基本偏差不变,而只改变另一个零件的(　　),以获得不同的配合性质,称为基准制。

(A)尺寸偏差　(B)公差带　(C)基本偏差　(D)极限偏差

19. 基本偏差为一定的孔的公差带,与不同基本偏差的轴的公差带形成各种配合的一种制度,称为(　　)配合。

(A)基孔制　(B)配制　(C)基轴制　(D)过渡配合

20. 在过渡配合中,孔的公差带与轴的公差带相互交叠着,其相互交叠位置则因孔、轴公差带相互位置不同,会出现(　　)不同形式。

(A)两种　(B)三种　(C)四种　(D)五种

21. φ40H7/h7是(　　)。

(A)过渡配合　(B)过盈配合　(C)间隙配合　(D)非标配合

22. φ30H8/t7是(　　)。

(A)过盈配合　(B)过渡配合　(C)间隙配合　(D)非标配合

23. 对于过盈配合,孔的最大极限尺寸减轴的最小极限尺寸所得的代数差叫(　　)。

(A)最小过盈　(B)最大过盈　(C)过渡配合　(D)间隙配合

24. 衡量金属材料的机械性能的最基本的指标是(　　)、硬度、塑性和冲击韧性等。

(A)抗拉强度　(B)洛氏硬度　(C)强度　(D)延伸率

25. 韧性代表材料在(　　)前在单位体积内所能吸收的能量的大小。

(A)破断　(B)变形　(C)弯曲　(D)扭曲

26. 布氏硬度试验一般适用于测定 HB<(　　)的金属材料。

(A)500　(B)450　(C)350　(D)400

27. 进行洛氏硬度试验,当采用 HRC 硬度标尺时,总载荷 P 为(　　)N。

(A)1 200　(B)1 800　(C)1 600　(D)1 500

28. HRC是(　　)代号。

(A)洛氏硬度　(B)布氏硬度　(C)维氏硬度　(D)邵氏硬度

29. 有些金属材料在拉伸试验时无明显的屈服现象,在此情况下国家标准规定以试样产生(　　)的塑性变形时的应力作为条件屈服极限,或称屈服极限。

(A)0.2%　(B)0.3%　(C)0.5%　(D)0.4%

30. 材料在拉断前所能承受的最大(　　),称为抗拉强度或强度极限。

(A)内力　(B)外力　(C)应力　(D)压力

31. 单晶体的塑性变形,主要是以(　　)的方式进行的。

(A)滑移　(B)位错　(C)点缺陷　(D)面缺陷

32. 单晶体受外力作用后,当切应力较小时,原子移动的距离不超过(　　)原子间距,晶格发生弹性歪扭,外力消失,晶格恢复平衡状态,此种变形为弹性变形。

(A)两个　(B)三个　(C)四个　(D)一个

33. 一般的,滑移面和滑移方向越多,金属的(　　)越好。

(A)强度　(B)塑性　(C)硬度　(D)韧性

34. 金属的冷加工和热加工是以(　　)温度来划分的。

(A)结晶　(B)某一高温　(C)某一低温　(D)再结晶

35. 可以使金属的强度、硬度降低,塑性增加的加工方法是(　　)。

(A)冷加工　(B)冲压加工　(C)热加工　(D)锻造加工

36. 正确的热加工可以消除铸态金属的组织缺陷,使金属的(　　)得到提高。

(A)机械性能　(B)加工性能　(C)焊接性能　(D)锻造性能

37. 冷塑性变形对金属性能的(　　)影响是造成加工硬化。

(A)重要　(B)主要　(C)次要　(D)轻微

38. 冷塑性变形会使金属的某些物理、化学性能发生变化,如电阻(　　)、耐蚀性降低等。

(A)降低　(B)最低　(C)最高　(D)增大

39. 冷塑性变形使晶体内部位错密度增加,晶格畸变较严重,因而增加了滑移的阻力,这就是加工硬化现象产生的(　　)原因。

(A)根本　(B)重要　(C)主要　(D)次要

40. 晶粒大小对机械性能有(　　)影响。

(A)较大　(B)很小　(C)很大　(D)一般

41. 金属结晶时的形核率和长大速度都随过冷度增大而(　　)。

(A)增大　(B)减小　(C)不变　(D)或大或小

42. 液态纯铁在(　　)进行结晶,得到具有体心立方晶格的 δ—Fe。

(A)1 558℃　(B)1 528℃　(C)1 538℃　(D)1 548℃

43. 纯铁在结晶后继续冷却到(　　)时发生同素异构转变,δ-Fe 转变为面心立方晶格的 γ-Fe。

(A)1 394℃　(B)1 384℃　(C)1 374℃　(D)1 404℃

44. 纯铁继续冷却到(　　)时又发生同素异构转变,γ-Fe 转变为面心立方晶格的 α-Fe。

(A)922℃　(B)912℃　(C)902℃　(D)932℃

45. 点缺陷可使金属材料抵抗塑性变形的能力提高,从而使金属(　　)提高。

(A)塑性　(B)强度　(C)韧性　(D)硬度

46. 晶体中某处有一列或(　　)原子发生有规律的错排现象称为位错。

(A)两列　(B)四列　(C)三列　(D)若干列

47. 面缺陷是位错运动的障碍,晶粒、亚晶粒越细小,它们的界面越多,位错运动的阻力越大,金属(　　)越高。

(A)强度　(B)塑性　(C)硬度　(D)韧性

48. 金属材料在受到能量很大、冲击次数很少的冲击载荷作用时,其冲击抗力主要取决于(　　)。

(A)强度　(B)塑性　(C)硬度　(D)冲击值 α_k

49. 金属材料在受到小能量多次冲击时,其冲击抗力主要取决于其(　　)。

(A)冲击值 α_k　(B)硬度　(C)强度　(D)塑性

50. 一般试验规定,钢在经受(　　)次交变载荷作用下不产生断裂的最大应力称为疲劳强度。

(A)10^6～10^7　(B)10^6～10^{10}　(C)10^6～10^8　(D)10^6～10^9

51. 金属材料抵抗在冲击载荷作用下而不破坏的性能称为(　　)。

(A)强度　(B)韧性　(C)塑性　(D)硬度

52. 晶格常数单位为埃,1Å=(　　)cm。

(A)10^{-6}　(B)10^{-9}　(C)10^{-8}　(D)10^{-7}

53. 体心立方晶格—它的晶胞是一个立方体,原子位于立方体的(　　)顶角上和立方体的体中心。

(A)6 个　(B)8 个　(C)4 个　(D)10 个

54. 弯曲件在变形区的切向外侧部分(　　)。

(A)受拉应力　(B)受压应力　(C)受剪应力　(D)不受力

55. 国际无损检测界把(　　)称为最佳的无损检测手段。

(A)磁粉探伤　(B)渗透检测　(C)射线检查　(D)工业 CT

56. 电机的过热保护利用的是低压电器的(　　)作用。

(A)控制　(B)保护　(C)测量　(D)调节

57. 绘制电气控制原理图中所有的电器触头(　　)状态。

(A)都处在未通电　(B)都处在通电

(C)有通电的也有不通电的　(D)根据需要画出

58. 起重机的基本工作机构是(　　),这种机构大多是由吊挂系统和绞车组成,也有通过液压系统升降重物的。

(A)起升机构　(B)运行机构　(C)变幅机构　(D)回转机构

59. 在同一轨道上同时装设起重量为 50 t 以下和 63 t 以上的两种起重机时,起重机的跨度值应按(　　)的起重机选取。

(A)50 t 以下　(B)63 t 以上　(C)都可以　(D)都不可以

60. 可采用吊钩、抓斗和电磁吸盘三种作为可分吊具的桥式起重机是(　　)。

(A)梁式起重机　(B)二用桥式起重机

(C)三用桥式起重机　(D)防爆桥式起重机

61. 设有针对强电流的绝缘装置的桥式起重机是(　　)。

(A)冶金桥式起重机　(B)绝缘桥式起重机

(C)防爆桥式起重机　(D)桥式堆垛起重机

62. 桥式类型起重机中以(　　)桥式起重机应用最广。

(A)吊钩　(B)抓斗　(C)电磁　(D)冶金

63. 桥式起重机是(　　)在车间、仓库及露天堆场的上方。

(A)竖立　(B)横架　(C)安装　(D)固定

64. 电动葫芦双梁起重机的起重量为(　　)kN。

(A)50～320　(B)10～50

(C)160～200　(D)510

65. 电动双梁桥式起重机主要由(　　)大部分组成。

(A)2　(B)3　(C)4　(D)5

66. 使用范围最广、数量最多的一种起重机械是(　　)。

(A)固定式起重机　(B)爬升式起重机

(C)桥式起重机　(D)缆索式起重机

67. 蜗轮蜗杆传动用于两轴交叉成(　　),但是彼此既不平行又不相交的情况下。

(A)15°　(B)30°　(C)45°　(D)90°

68. 渐开线齿形上任意一点的受力方向线和运动方向线之间的夹角称为压力角,我国规定标准压力角是(　　)。

(A)16°30′　(B)20°　(C)21°30′　(D)15°

69. 轮缘上有齿能连续啮合传递运动和动力的机械元件是(　　)。

(A)齿轮　(B)蜗轮　(C)轴承　(D)联轴器

70. 润滑条件差的开式齿轮传动(外露的齿轮传动)的主要失效形式,也是开式蜗杆传动的主要失效形式的是(　　)。

(A)轮齿折断　(B)齿面磨损　(C)齿面点蚀　(D)齿面胶合

71. 按加工标准齿轮的要求,把刀具和机床调整好之后,再将刀具移近或移开齿坯中心一段距离,这样加工出的齿轮称为(　　),或称修正齿轮。

(A)直齿圆柱齿轮　(B)变位齿轮　(C)斜齿轮　(D)等高齿轮

72. 齿轮的运动误差影响齿轮传递运动的(　　)。

(A)平稳性　(B)准确性　(C)振动程度　(D)机床力量

73. 径向综合误差是被测齿轮与理想精确的测量齿轮双面啮合转动时,在被测齿轮一转内,双啮中心距的(　　)。

(A)变动量　(B)最小变动量　(C)间隙　(D)最大变动量

74. 径向相邻齿综合误差是被测齿轮与理想精确的测量齿轮双面啮合时,在被测齿轮一(　　),双啮中心距的最大变动量。

(A)齿距角内　(B)距离内　(C)齿面　(D)齿面间隙

75. 公法线平均长度偏差是在齿轮一周内,公法线长度平均值与(　　)。

(A)长度之差　(B)误差　(C)偏差　(D)公称值之差

76. 圆柱齿轮传动,用于两平行轴布置,其功率与速度范围最大,效率最高,可靠性高,(　　)。

(A)容易设计制造　(B)转速高　(C)不宜损坏　(D)加工难度小

77. 准双曲面齿轮传动,用于交错的两轴之间(　　)。

(A)运转　(B)旋转　(C)传动　(D)传递

78. 齿轮传动润滑油种类有抗氧防锈工业(　　)。

(A)齿轮油　(B)机油　(C)防冻机油　(D)20 号机油

79. 齿轮传动润滑油种类有在(　　)的齿轮传动使用中负荷工业齿轮油。

(A)有重载　(B)有振动　(C)有冲击　(D)有轻载

80. 齿轮传动润滑油种类有重负荷(　　)齿轮油。

(A)高黏度　(B)工业　(C)专用　(D)低黏度

81. 开式齿轮传动,一般可选用 100℃运动黏度为(　　)的开式齿轮油润滑。

(A)30cSt～40cSt　(B)45cSt～55cSt

(C)40cSt～50cSt　(D)60cSt～250cSt

82. 对某些工作条件很差的开式齿轮,还可以油中加(　　)和 MoS_2 等。

(A)煤油　(B)极压粘加剂　(C)机油　(D)液压油

83. 开式齿轮传动对润滑的基本要求是要有好的(　　)、适当的油性和较高的黏度。

(A)粘附性　(B)耐磨性　(C)减振性　(D)耐高温性

84. 蜗杆传动的强度特点是,蜗杆轮齿呈螺旋形,蜗杆轮齿呈短而宽的环形悬臂梁,所以蜗杆传动具有很高的(　　)强度。

(A)抗拉　　(B)抗弯　　(C)疲劳　　(D)变形

85. 蜗杆传动中,蜗杆为主动件时的效率远高于蜗轮为主动件时的效率,所以蜗杆传动多用于(　　)。

(A)减速机构　　(B)转换机构　　(C)变速机构　　(D)增速机构

86. 下面几种传动方式中,传动效率最低的是(　　)。

(A)带传动　　(B)齿轮传动　　(C)链传动　　(D)蜗杆传动

87. 蜗轮与蜗杆传动中,由于(　　),只能由蜗杆带动蜗轮,而蜗轮不能带动蜗杆。

(A)自锁性能　　(B)传动比　　(C)传动效率　　(D)传动精度

88. 圆柱蜗杆传动按轨迹面型分阿基米德圆柱(ZA)蜗杆传动、渐开线圆柱(ZI)蜗杆传动、法向直廓圆柱(ZN)蜗杆传动、(　　)圆柱(ZC_3)蜗杆传动。

(A)轴向圆弧　　(B)圆环面　　(C)圆环面包络　　(D)盘形锥面包络

89. 链传动能在任意的中等轴间距离进行定速比的传动,轴间距离一般最大可达(　　)m。

(A)1～2　　(B)3～4　　(C)2～3　　(D)5～6

90. 温度高,灰尘大,不允许打滑的工作现场一般宜选用(　　)。

(A)带传动　　(B)齿轮传动　　(C)链传动　　(D)蜗杆传动

91. 链传动的速度无滑动损失,传动效率可达(　　)。

(A)98%～99%　　(B)85%～95%　　(C)70%～80%　　(D)88%～89%

92. 链传动能在低速下传递(　　)的动力。

(A)较小　　(B)较大　　(C)不同　　(D)普通

93. 带传动,结构最简单,最容易制造、安装,在中心距大时(　　)。

(A)成本高　　(B)最经济　　(C)安装容易　　(D)维修简单

94. 带传动,噪声低,有弹性,能缓和冲击,有(　　)作用。

(A)过载保护　　(B)减震　　(C)安全　　(D)环保

95. 带传动,可以多轴传动,不需(　　)。

(A)降温　　(B)加水　　(C)加油　　(D)润滑

96. 传动链条的类型中有传动用短节距精密(　　)链(简称滚子链)。

(A)齿形　　(B)弯板　　(C)成形　　(D)滚子

97. 传动链条的类型中有(　　)距滚子链。

(A)2节　　(B)单节　　(C)3节　　(D)4节

98. 传动链条的类型中有传动用短节距精密(　　)链(简称套筒链)。

(A)套筒　　(B)成形　　(C)齿形　　(D)滚子

99. 窄V带的特点是,能承受较大的(　　),允许速度和曲挠次数高,传递功率大,节能。

(A)强度　　(B)预紧力　　(C)拉力　　(D)负荷

100. 齿形V带的特点是,散热性好,与轮槽粘附性好,是曲挠性最好的(　　)。

(A)V带　　(B)产品　　(C)性能　　(D)弹性

101. 多从动轮带传动仅适用于(　　)的中小功率多根从动轴同时传动的场合。

(A)速度低　　(B)速度高　　(C)普通　　(D)负荷小

102. 多从动轮带传动,通常采用平带或单根(　　)。
(A)特殊带　(B)V带　(C)弧齿同步带　(D)梯形齿同步带
103. 液压千斤顶工作时油不会反向回流,是(　　)起的作用。
(A)溢流阀　(B)控制阀　(C)双向阀　(D)单向阀
104. 液压油的性能、(　　)直接影响液压系统工作的稳定性、可靠性和安全性。
(A)质量　(B)数量　(C)清洁　(D)颜色
105. 分水滤气器的作用是(　　)。
(A)净化空气　(B)改善空气润滑性能
(C)消除噪声　(D)传递信息
106. 曲柄压力机八面调节导轨比四面调节导轨导向精度(　　)。
(A)高　(B)低　(C)一样　(D)不能相比
107. 决定运动精度的是压力机的(　　)。
(A)塑性　(B)硬度　(C)刚度　(D)疲劳
108. 不用螺母,适合用于一个被连接件较厚而不常拆装的场合的连接方式是(　　)。
(A)螺栓连接　(B)双头螺柱连接　(C)螺钉连接　(D)销连接
109. 四个导轨均能单独调节的滑块机构,能提高压力机的精度,但(　　)。
(A)组装困难　(B)调节困难　(C)使用困难　(D)制造困难
110. 大多数滚动轴承都是由外圈、内圈、滚动体和(　　)四部分组成的。
(A)保持架　(B)润滑剂　(C)滚动体导轨　(D)密封圈
111. 对于装有过载保护装置的压力机,总的保险压力是按压力机的公称压力设计的,对于多点压力机的保险压力(　　)分配于各个连杆上。
(A)平均　(B)是把总压力　(C)非平均　(D)少于总压力
112. 光电保护装置的保护范围是根据(　　)来调整的。
(A)滑块距离　(B)滑块与下工作台面的高度
(C)上下模闭合高度　(D)设备操作说明书
113. 过滤精度较高,一般用于油液的精过滤,但是堵塞后无法清洗,需要经常更换滤芯的滤油器是(　　)。
(A)网式滤油器　(B)线隙式滤油器　(C)纸质滤油器　(D)烧结式滤油器
114. 校平、弯曲、整形等类的冲压,压力机应具有较高的(　　)。
(A)精度　(B)速度　(C)刚度　(D)压力
115. 反映液压机的主要工作能力,一般用来表示液压机规格的参数是(　　)。
(A)工作液压力　(B)最大回程力　(C)标称压力　(D)最大行程
116. 液压缸差动连接工作时,缸的(　　)。
(A)运动速度增加了　(B)压力增大了
(C)运动速度减小了　(D)压力减小了
117. 液压系统中减压阀处的压力损失是属于(　　)。
(A)沿程压力损失　(B)局部压力损失　(C)两种都是　(D)两路都不是
118. 剪板机进行工作精度检验时,其试件件数应不少于(　　)件。
(A)2　(B)3　(C)4　(D)5

119. 传递扭矩大,径向尺寸较小,可实现较大范围的角度倾斜,并且有很大的伸缩量的是( )校平机。

(A)万向节轴传动式 (B)分辊驱动式
(C)分排驱动式 (D)以上都不对

120. 可用于各种金属板料的冷态校平,是较为理想的板料和板件校平方式的是( )。

(A)压力机上的校平 (B)拉伸校平机上的校平
(C)张力校平机上的校平 (D)辊式板料校平机上的校平

121. 一般用于重型工件卷制及技术水平和自动化水平较高的场合的卷板机是( )。

(A)四辊卷板机 (B)水平下调式卷板机
(C)对称三辊卷板机 (D)立式卷板机

122. 具有从动部分的转动惯量小,更换摩擦块容易,散热性好,寿命比较长等优点的是( )摩擦离合器。

(A)轮胎式 (B)多盘式 (C)干式 (D)单盘镶块式

123. 抽键式离合器的结合是通过抽键插入( )凹槽内来实现的。

(A)飞轮 (B)曲轴 (C)连杆 (D)齿轮

124. 抽键式离合器的曲柄压力机如需寸动行程,则要靠( )盘动飞轮来实现。

(A)机械 (B)人工 (C)自动 (D)半自动

125. 抽键式离合器再接合时,不可避免地有硬性碰撞发生,使它的某些零件受到( )冲击。

(A)平缓的 (B)不大的 (C)一般的 (D)剧烈的

126. 单转键式离合器一般用于公称压力( )kN 以下的压力机。

(A)160 (B)180 (C)150 (D)120

127. J23-100 型压力机的转键式离合器的工作键和辅助键都装在( )的半圆槽中。

(A)齿轮 (B)飞轮 (C)连杆 (D)曲轴

128. 下列不属于转键式离合器特点的是( )。

(A)结构简单 (B)安全性高 (C)维护成本低 (D)运行条件简单

129. 明显优点是使用寿命长,能减少频繁修理离合器的次数的是( )离合器。

(A)湿式 (B)刚性 (C)干式 (D)摩擦

130. 摩擦离合器控制压力机滑块在( )位置停止。

(A)上止点 (B)中间 (C)任意 (D)下止点

131. 刚性离合器一般只能使滑块停止在( )。

(A)任意点 (B)上止点 (C)下止点 (D)中间点

132. 双转键的同步( )转动是受操纵机构控制的。

(A)同向 (B)异向 (C)顺时 (D)逆时

133. 转键式离合器停止工作时,使转键返回原位置,将齿轮和曲轴( ),滑块停在上死点。

(A)接合 (B)联动 (C)脱开 (D)连接

134. 辊式送料装置上、下辊之间通常采用( )。

(A)蜗杆传动 (B)齿轮传动 (C)链传动 (D)带传动

135. 曲柄压力机,在最末一级齿轮上铸有偏心轴,这种曲柄机构是(　　)。
(A)曲拐轴式　(B)曲轴式　(C)偏心齿轮式　(D)偏心轴式
136. 曲柄压力机的公称压力是指(　　)。
(A)滑块距上死点的一定距离内　(B)滑块距下死点的一定距离内
(C)滑块在中间位置时　(D)滑块在任一位置
137. 曲柄压力机公称压力单位是(　　)。
(A)千牛　(B)吨　(C)兆帕　(D)公斤
138. 当环境较高时,宜选用黏度等级(　　)的液压油。
(A)较低　(B)较高　(C)低　(D)中等
139. 滚制圆筒件过程中,出现圆筒两端面曲率不等,是由于(　　)。
(A)板料素线与辊轴中心不平行　(B)可调辊轴与其他辊轴不平行
(C)辊轴受力过大而出现弯曲　(D)可调辊轴与其他辊轴间距太小
140. CPU 是 PLC 的核心,起神经中枢的作用,每套 PLC(　　)CPU。
(A)只有一个　(B)至少有一个　(C)可以没有　(D)至少有两个
141. 当油中混入灰尘时,平衡阀的故障表现为(　　)。
(A)压力变动　(B)压力下降　(C)压力升高　(D)动作不灵
142. 编制冲压工艺规程时,要研究和审查冲压件的工艺性,分析冲压件的结构形状、尺寸、精度、材料性质及其他要求是否适合冲压加工,是否要增添辅助(　　)。
(A)材料　(B)加工工序　(C)机构　(D)装置
143. 编制冲压工艺规程时,要初步定出冲压工序种类和顺序,在一般情况下,可以从产品图上直观地看出所需工序的种类,但是有时需要进行(　　)和比较才能确定。
(A)试验　(B)计算分析　(C)多个试件　(D)经济分析
144. 某一弯曲件弯曲半径 $R=20$ mm,材料厚度 $t=10$ mm,中性层移动系数 $k=0.45$,则中性层位置在(　　)处。
(A)$R=25$ mm　(B)$R=24.45$ mm
(C)$R=20.45$ mm　(D)$R=24.5$ mm
145. 有圆角半径的弯曲件展开长度计算公式为 $L=$(　　)(α 为弯曲部分角度,r 为坯料内层弯曲半径,t 为料厚,k 为系数)。
(A)$\frac{\pi\alpha}{180^\circ}$　(B)$\frac{\pi\alpha}{180^\circ}(r+kt)$　(C)$r+kt$　(D)$\frac{\pi\alpha kt}{360^\circ}$
146. 火花鉴别时,钢中(　　)元素含量较低时,对碳钢火花影响不明显。
(A)Al　(B)Ti　(C)S　(D)Mn
147. 钢材预涂底漆后,不许漏涂,下料前漆膜必须达到表干以上,油漆干膜厚度为(　　)μm。
(A)10±5　(B)15±5　(C)20±5　(D)25±5
148. 处理测量误差中的系统误差是(　　)。
(A)重新测量或按一定规律予以剔除　(B)设法消除或修正测量结果
(C)减少并控制其误差对测量结果的影响　(D)不可避免,无法解决
149. 薄板四周呈波纹状,这说明板料(　　)。

(A)四周弯薄 (B)四周弯厚 (C)中间弯薄 (D)四周弯曲

150. 制订生产计划和进行成本核算的基本单元是( )。

(A)工位 (B)工序 (C)工步 (D)走刀

151. 切削加工件的精度与工件是否便于装夹以及装夹( )有关。

(A)方式 (B)次数 (C)快慢 (D)质量

152. 合理的铸件( )能保证铸件的机械性能和防止产生浇注不足、冷隔等缺陷。

(A)结构 (B)壁厚 (C)圆角 (D)加强筋

153. 可锻性是指金属材料在受锻压后，可改变自己的形状而不产生( )的性能。

(A)破裂 (B)压弯 (C)扭曲 (D)失稳

154. 用划针划线时，针尖要紧靠( )的边沿。

(A)工件 (B)导向工具 (C)平板 (D)轴线

155. 将零件的表面摊开在一个平面上的过程，称为( )。

(A)展开 (B)放样 (C)展开放样 (D)号料

156. 电火花线切割是通过电极丝与工件间的( )运动，实现对工件的切割加工。

(A)绝对 (B)平行 (C)相对 (D)相交

157. 工作频繁的起重机应该优先采用( )的钢丝绳。

(A)点接触 (B)线接触 (C)面接触 (D)体接触

158. 钢丝绳在吊运易燃，易爆物品时，其安全系数应为( )。

(A)4.5 (B)5.5 (C)6 (D)10

159. 钢丝绳的安全系数一般是( )。

(A)3～5 (B)5.5～7 (C)6.5～8 (D)8.5～10

160. 3 t电动葫芦与5 t双梁桥式起重机都用同一型号规格的钢丝绳，其安全系数的关系是( )。

(A)5 t比3 t大 (B)3 t比5 t大 (C)一样大 (D)无比较性

161. 当钢丝的径向磨损量或腐蚀量达到( )时，该钢丝绳即应报废。

(A)10% (B)40% (C)50% (D)20%

162. 钢丝绳在一个捻节距内断丝数超过总丝数的( )应报废。

(A)10% (B)20% (C)40% (D)30%

163. 常用直径为3/8in的棕绳的允许拉力为( )kgf。

(A)100 (B)120 (C)140 (D)200

164. 常用6股19丝的直径为3/8 in的普通钢丝绳的允许拉力为( )kgf。

(A)1 000 (B)1 500 (C)2 000 (D)2 500

165. 常用6股19丝的直径为3/4 in的普通钢丝绳的允许拉力为( )kgf。

(A)3 000 (B)3 500 (C)3 800 (D)4 000

166. 常用直径为3/8 in的棕绳的破断拉力为( )kgf。

(A)550 (B)600 (C)615 (D)650

167. 常用6股19丝的直径为3/4 in的普通钢丝绳的破断拉力为( )kgf。

(A)18 000 (B)18 500 (C)18 700 (D)19 000

168. 常用6股19丝的直径为1/2 in的普通钢丝绳的破断拉力为( )kgf。

(A)8 500 (B)9 000 (C)9 500 (D)1 000

169. 百分表的磁力表架是利用磁力可吸附在(　　)零件上进行测量。

(A)铜合金 (B)铁合金 (C)铝合金 (D)铅合金

170. 使用百分表测量时,测杆必须(　　)被测表面。

(A)垂直于 (B)平行于 (C)倾斜于 (D)相交于

171. 百分表在测杆移动 0.5 mm 时,其大小指针分别转为(　　)。

(A)大指针转过 5 格,小指针转过 1 格

(B)大指针与小指针转过的格数相等

(C)大指针转过 50 格,小指针转过半格

(D)大指针转过 0.5 格,小指针不动

172. 百分表是一种指示式量具,它是将被测尺寸的微小变化,通过(　　)机构进行放大,然后将被测尺寸的变化由指针在刻度盘上指示出来。

(A)缩小 (B)中间 (C)放大 (D)连接

173. 在百分表的表盘圆周上刻有 100 个等分刻度,测杆移动(　　)mm,指针转动一周。

(A)2 (B)1 (C)0.5 (D)1.5

174. 在百分表的表盘上指针转动(　　),表示测杆移动 0.01 mm。

(A)半格 (B)两格 (C)四格 (D)一格

175. 游标高度尺可用于工件的(　　)。

(A)深度测量 (B)检测 (C)普通划线 (D)精密划线

176. 高度游标卡尺的读数原理是利用尺身刻线间距与游标刻线间距之(　　)来进行小数读数。

(A)商 (B)积 (C)和 (D)差

177. 游标高度尺无测力装置,全凭手感(　　)。

(A)检测 (B)推靠测量 (C)操作 (D)工作

178. 深度游标卡尺测量的最大范围为(　　)mm。

(A)0～200 (B)0～300 (C)0～500 (D)0～1 000

179. 深度游标卡尺游标读数值为(　　)。

(A)0.02 mm,0.05 mm (B)0.01 mm,0.05 mm

(C)0.01 mm,0.02 mm (D)0.1 mm,0.05 mm

180.《中华人民共和国标准化法》中规定:对于那些需要在全国范围内进行统一的技术要求,应当制定(　　)。

(A)国际标准 (B)国家标准 (C)部级标准 (D)企业标准

181. 全员参与的生产保全活动是以(　　)为中心,以追求生产系统综合效率极限化目标。

(A)设备 (B)生产系统 (C)人员 (D)材料系统

182. 质量管理小组活动遵循 PDCA(　　)的工作程序。

(A)活动 (B)循环 (C)顺序 (D)跳跃

183. 根据计划的规定和要求,检查计划、措施的执行情况,是否按计划执行,是否收到了预期的效果,这是"PDCA"中的(　　)。

(A)“D” (B)“A” (C)“C” (D)“B”

184. QC 小组活动有高度的(　　)。

(A)凝聚力 (B)思想性 (C)民主性 (D)觉悟

185. QC 小组活动有严密的(　　)。

(A)组织 (B)纪律 (C)科学性 (D)奖惩制度

186. QC 小组活动宗旨是提高员工素质,激发积极性和(　　),改进质量,降低消耗,提高经济效益。

(A)工作热情 (B)互助性 (C)能力 (D)创造性

187. 分层法是把记录的原始数据按照一定标志加以分类整理,以便分析(　　)及其影响因素的方法。

(A)产品 (B)工序 (C)过程 (D)质量

188. 工时定额和材料消耗定额是根据(　　)编制的。

(A)工艺过程 (B)工艺规程 (C)工序顺序 (D)操作要求

189. 排列图应用了“关键的少数,次要的多数”的(　　)。

(A)定理 (B)道理 (C)原则 (D)原理

190. 排列图的 A 类项目以 1～2 个为宜,总项目多时也不能超过(　　)。

(A)4 个 (B)5 个 (C)3 个 (D)6 个

三、多项选择题

1. 下列关于装配图中零件序号指引线的说法正确的是(　　)。

(A)可以相互交叉 (B)可以曲折

(C)用粗实线表示 (D)用细实线表示

2. 下列关于装配图的说法错误的是(　　)。

(A)装配图是表达机器的图样

(B)装配图主视图的方位应符合其工作位置

(C)装配图视图位置的选择应重点突出,相互配合,避免重复

(D)装配图中也可以用涂色代替剖面符号

3. 按投射方向对轴测投影面相对位置的不同,轴测图可分为(　　)。

(A)正轴测图 (B)正二轴测图 (C)斜轴测图 (D)斜二轴测图

4. 根据不同的轴向伸缩系数,正轴测图可分为(　　)。

(A)正四轴测图 (B)正三轴测图 (C)正二轴测图 (D)正等轴测图

5. 下列关于轴测图的说法正确的是(　　)。

(A)相互平行的两直线,其投影不一定平行

(B)只有正等轴测图三个轴向伸缩系数相等

(C)只有斜等轴测图三个轴向伸缩系数相等

(D)相互平行的两直线,其投影仍平行

6. 下列关于轴测图的画法说法正确的是(　　)。

(A)轴测图中一般只画出可见部分,必要时才画出不可见部分

(B)轴测图的线性尺寸,不应沿轴测方向标出

(C)不平行于轴测投影面的圆,其轴测投影还为圆
(D)物体上同是与坐标轴平行的直线,在轴测图中,也必定与相对应的轴测轴平行

7. 下列属于装配图的特殊画法的是(　　)。
(A)假想画法　(B)展开画法　(C)局部视图画　(D)简化画法

8. 下列关于装配图中零件序号的说法正确的是(　　)。
(A)装配中所有的零、部件都必须编写序号
(B)装配图只须对一般零件编写序号
(C)同一装配图中标注序号的形式必须都一致
(D)序号数字字高比该图中所注尺寸数字高度小一号

9. 关于装配图的一般画法,下列说法正确的是(　　)。
(A)装配图中相邻面中的剖面线的方向应相同
(B)装配图中零件序号指引线可以曲折
(C)在装配图中可以将某些零件拆卸后绘制
(D)在装配图中,零件上的表面交线或细小结构也允许省略不画

10. 画零件图的作用是(　　)。
(A)明确装配关系　(B)便于加工制造
(C)便于检验　(D)明确尺寸及形状

11. 零件图主视图的选择原则主要考虑的是(　　)。
(A)形状特征　(B)加工位置　(C)工作位置　(D)检测位置

12. 零件测绘的种类有(　　)。
(A)设计测绘　(B)机修测绘　(C)仿制测绘　(D)创新测绘

13. 徒手图应该做到(　　)。
(A)线型分明　(B)比例均匀　(C)字体端正　(D)图面整洁

14. 下列属于可展开表面的是(　　)。
(A)斜圆锥　(B)双曲面　(C)三棱台面　(D)斜圆柱面

15. 曲面展开图解法包括(　　)。
(A)平行四边形法　(B)三角线法　(C)放射线法　(D)平行线法

16. 选择基孔制还是基轴制的依据有(　　)。
(A)工艺可行性　(B)检测可行性　(C)配合要求　(D)经济效益

17. 以下配合中,孔和轴之间可能存在间隙的是(　　)。
(A)过渡配合　(B)过盈配合　(C)间隙配合　(D)非标配合

18. 孔和轴的主要配合形式有(　　)。
(A)过渡配合　(B)非标配合　(C)间隙配合　(D)过盈配合

19. 以下属于金属材料机械性能的是(　　)。
(A)硬度　(B)强度　(C)塑性　(D)韧性

20. 布氏硬度值与压痕(　　)的大小无关。
(A)深度　(B)载荷　(C)直径　(D)形状

21. 对毛坯进行软化热处理的目的主要是(　　)。
(A)提高塑性　(B)清除内应力　(C)降低硬度　(D)改变组织结构

22. 下列热处理工艺方法中(　　)可以降低材料的硬度。
(A)淬火　(B)退火　(C)回火　(D)正火
23. 影响金属材料塑性的主要因素有(　　)。
(A)材料的化学成分　(B)组织结构　(C)环境温度　(D)机械性能
24. 根据载荷的不同,材料可分为(　　)。
(A)抗拉强度　(B)抗压强度　(C)抗剪强度　(D)抗弯强度
25. 下列方式可以使金属产生塑性变形的是(　　)。
(A)冲压　(B)锻造　(C)轧制　(D)挤压
26. 工业生产中实际使用的金属大多是多晶体,多晶体是由晶粒组成的,下列关于组成多晶体的晶粒说法正确的是(　　)。
(A)形状是一样的　(B)形状不是一样的
(C)大小是一样的　(D)大小不是一样的
27. 通过热塑性加工,可以使金属的(　　)。
(A)强度增加　(B)硬度增加　(C)塑性增加　(D)强度降低
28. 热塑性变形对金属组织和性能的影响有(　　)。
(A)晶粒增大　(B)细化晶粒
(C)形成纤维组织　(D)消除铸态金属的组织缺陷
29. 通过塑性加工的方式获得的产品,与铸造方式相比的优点有(　　)。
(A)力学性能提高　(B)晶粒细化显著　(C)生产率高　(D)内部缺陷少
30. 冷塑性变形使金属产生了加工硬化,它的表现是(　　)。
(A)强度提高　(B)韧性上升　(C)硬度提高　(D)塑性下降
31. 下列关于晶体与非晶体的说法正确的是(　　)。
(A)晶体中原子排列是周期性规则有序的
(B)非晶体中原子排列是周期性规则有序的
(C)晶体有固定的熔点
(D)非晶体有固定的熔点
32. 下列说法错误的是(　　)。
(A)金属在同态下具有同素异构转变
(B)金属在固态下具有同素异构转变
(C)奥氏体向铁素体的转变是铁发生同素异构转变的结果
(D)纯铜与纯铝均有同素异构转变
33. 同素异形体的特点是指组成元素的晶体(　　)。
(A)结构相同　(B)结构不同　(C)元素相同　(D)元素不同
34. 晶体的缺陷主要有(　　)。
(A)点缺陷　(B)线缺陷　(C)面缺陷　(D)体缺陷
35. 下列物质中属于晶体的有(　　)。
(A)冰　(B)黄金　(C)玻璃　(D)水晶
36. 影响金属塑性和变形抗力的因素有(　　)。
(A)化学成分及组织　(B)变形温度　(C)变形速度　(D)应力状态

37. 金属探伤是通过一定装置,利用(　　)等检查和探测金属材料内部的缺陷。

(A)磁性　(B)X 射线　(C)伽马射线　(D)超声波

38. 金属探伤主要是检验金属制品内部缺陷,主要包括(　　)。

(A)锈蚀　(B)裂纹　(C)砂眼　(D)杂质

39. 在机床控制电路中,起失压保护的电器是(　　)。

(A)交流接触器　(B)自动空气开关　(C)熔断器　(D)欠电压分断器

40. 起重机的种类很多,按照起重机的构造可以分为(　　)。

(A)桥架型起重机　(B)蒸汽型起重机

(C)缆索型起重机　(D)臂架型起重机

41. 按照起重机的支承方式分为(　　)。

(A)支承起重机　(B)电动起重机　(C)抓斗起重机　(D)悬挂起重机

42. 按照起重机的回转能力分为(　　)。

(A)回转起重机　(B)全回转起重机

(C)非回转起重机　(D)非全回转起重机

43. 起重量是指被起升重物的质量,可以分为(　　)。

(A)额定起重量　(B)理想起重量　(C)总起重量　(D)有效起重量

44. 起重机维护保养时关于润滑油脂的选择正确的是(　　)。

(A)环境温度高的场所应选用黏度较大的润滑油脂

(B)配合面较粗糙的应选用黏度低的润滑油脂

(C)高速轻载的机构应选用黏度较大的润滑油脂

(D)受冲击、压力大的承压面应选用黏度较大的润滑油脂

45. 桥式起重机按照驱动方式可以分为(　　)。

(A)气动桥式起重机　(B)手动桥式起重机

(C)电动桥式起重机　(D)液压桥式起重机

46. 桥式起重机按照操纵方式可以分为(　　)。

(A)司机室操纵桥式起重机　(B)地面操纵桥式起重机

(C)远距离操纵桥式起重机　(D)近距离操纵桥式起重机

47. 桥式起重机吊装可用到的起重机包括(　　)。

(A)汽车式起重机　(B)轮胎式起重机

(C)履带式起重机　(D)塔式起重机

48. 桥式起重机的组装吊装一般是先把(　　)在地面上将其拼成整体,然后进行整体吊装。

(A)大梁　(B)端梁　(C)操作室　(D)滑车母线

49. 桥式起重机地面翻活常用的操作方法有(　　)。

(A)兜翻　(B)游翻　(C)带翻　(D)侧翻

50. 桥式起重机大车部分主要包括(　　)。

(A)桥架　(B)起升机构　(C)运行机构　(D)驾驶室

51. 在机床控制电器中,不起过载保护的电器是(　　)。

(A)熔断器　(B)热继电器　(C)交流接触器　(D)时间继电器

52. 螺旋传动的分类有(　　)。

(A)传功螺旋　(B)传力螺旋　(C)传导螺旋　(D)调整螺旋

53. 齿轮齿廓曲线包括(　　)。

(A)渐开线　(B)抛物线　(C)摆线　(D)圆弧线

54. 变位齿轮由于模数 m、齿数 z 和齿形角不变,所以(　　)也不变。

(A)分度圆　(B)基圆　(C)齿顶圆直径　(D)渐开线形状

55. 下面关于齿轮传动描述中错误的是(　　)。

(A)齿轮传动传动比准确,传动的功率范围大,适应的速度范围广

(B)工作可靠、由于受环境的影响,使用寿命一般较短

(C)需要专门的机床和专用刀具加工制造,但制造和安装要求较低

(D)适合于中心距较大的传动

56. 圆锥齿轮传动,主要用于相交两轴传动,有(　　)。

(A)直齿　(B)斜齿　(C)弧形齿　(D)曲线齿

57. 下列不能使用开式齿轮传动的是(　　)。

(A)车床　(B)搅拌机　(C)减速机　(D)钻床

58. 齿轮传动按啮合方式可分为(　　)几种。

(A)外啮合齿轮传动　(B)内啮合齿轮传动

(C)齿轮齿条传动　(D)闭式传动

59. 蜗杆传动的运动特点是(　　)。

(A)工作平稳　(B)低振动　(C)小噪声　(D)速度高

60. 环面蜗杆传动按包络面型分(　　)。

(A)平面包络环面蜗杆(TP 型)传动　(B)锥面包络环面蜗杆(JK 型)传动

(C)渐开面包络环面蜗杆(TI 型)传动　(D)曲齿廓环面 蜗杆(TP 型)传动

61. 蜗杆传动可以分为(　　)。

(A)锥蜗杆传动　(B)圆柱蜗杆传动

(C)环面蜗杆传动　(D)偏置蜗杆传动

62. 按传动原理不同,带传动可分为(　　)。

(A)摩擦型　(B)传动型　(C)啮合型　(D)螺旋型

63. 各种带传动方式中,有传动误差的是(　　)。

(A)平带传动　(B)V 带传动　(C)圆带传动　(D)齿形带

64. 按传动带的横截面形状,带传动可分为(　　)。

(A)平带传动　(B)V 带传动　(C)圆带传动　(D)同步齿形带传动

65. 汽车 V 带的特点是(　　)。

(A)耐低温　(B)曲挠性好　(C)耐粉尘　(D)耐热性好

66. 宽 V 带的特点是(　　)。

(A)曲挠性好　(B)耐热性好　(C)耐腐蚀　(D)耐侧压性能好

67. 下列是液压传动优点的是(　　)。

(A)在相同功率条件下,体积小,重量轻,传动比高

(B)可无级调速,可距离控制,容易换向

(C)便于过载保护和保压,有利于使用安全
(D)能够轻松克服液压系统混入空气和温升现象
68. 下列是液压传动缺点的是(　　)。
(A)可变性和可塑性弱,很难对生产程序调整
(B)容易泄漏和污染环境
(C)适应环境温度受到一定限制
(D)能量损失影响传动效率
69. 下列属于液压元件的是(　　)。
(A)液压泵　(B)集流分配器　(C)控制阀　(D)液压缸
70. 液压马达包括(　　)。
(A)齿轮式液压马达　(B)叶片式液压马达
(C)摆动式液压马达　(D)柱塞式液压马达
71. 液压缸包括(　　)。
(A)活塞式液压缸　(B)柱塞式液压缸
(C)摆动式液压缸　(D)组合式液压缸
72. 液压传动在(　　)行业得到广泛应用。
(A)机床工业　(B)工程机械　(C)汽车工业　(D)航空航天
73. 液压泵出现发热异常原因是(　　)。
(A)内部漏损过大　(B)滑动部分烧坏　(C)轴承烧坏　(D)油箱容积小
74. 气压传动系统由(　　)组成。
(A)气源装置　(B)气动执行元件　(C)气动控制阀　(D)气动辅件
75. 气动辅件包括(　　)。
(A)分水滤气器　(B)油雾器　(C)消声器　(D)管子连接件
76. 压力控制阀根据其功能不同可分为(　　)。
(A)减压阀　(B)顺序阀　(C)溢流阀　(D)安全阀
77. 下列是气动元件缺点的是(　　)。
(A)气动装置的动作稳定性较差
(B)噪声较大
(C)工作压力低,输出的力或力矩受到限制
(D)信号传递速度快
78. 机械设备主要常用的机构有(　　)。
(A)平面连杆机构　(B)曲轴连杆机构
(C)凸轮机构　(D)间歇运动机构
79. 下面属于机器的是(　　)。
(A)发电机　(B)减速机　(C)加工中心　(D)起重机
80. 影响机械设备安装精度的因素包括(　　)。
(A)设备测量基准的选择　(B)设备制造的质量
(C)设备基础的硬度　(D)设备安装环境
81. 机床装配精度有(　　)。

(A)相对运动精度 (B)相对位置精度 (C)配合精度 (D)接触精度

82. 螺纹连接的种类有螺栓连接、( )。

(A)双头螺柱连接 (B)螺钉连接

(C)紧定螺钉连接 (D)特殊结构的螺纹连接

83. 螺纹连接的防松装置类型很多,按防松原理可分为( )。

(A)靠摩擦力防松 (B)机械方法防松 (C)双螺母防松 (D)永久止动

84. 销连接中圆柱销和圆锥销的作用是( )。

(A)防止被连接件松脱 (B)定位作用

(C)连接并传递转矩 (D)安全保护

85. 下面关于铰制孔螺栓连接的描述中正确的是( )。

(A)工艺简单,拆卸方便,应用广

(B)用于载荷大,冲击严重,要求良好对中的场合

(C)螺栓的光杆和通孔间采用基孔制过渡配合

(D)螺杆工作时受到剪切和挤压作用,主要承受横向载荷

86. 下面关于挠性联轴器描述中正确的是( )。

(A)可以补偿两轴间的偏移

(B)传动平稳性差,冲击大

(C)具有缓冲减振的能力

(D)适用于正、反转变化多,起动频繁的高转速连接

87. 滚动轴承按滚动体的形状分类,可分为球轴承、短圆柱滚子轴承、长圆柱滚子轴承、( )。

(A)球面滚子轴承 (B)圆锥滚子轴承 (C)滑动轴承 (D)滚针轴承

88. 常用的挠性联轴器主要有( )。

(A)万向联轴器 (B)弹性套柱销联轴器

(C)弹性柱销联轴器 (D)梅花弹性联轴器

89. 下列属于冲压设备安全防护装置的有( )。

(A)安全电钮 (B)防打连车装置 (C)防护罩 (D)光电安全装置

90. 冲压作业车间安全检查的重点有( )。

(A)防护装置和措施的安全性及维护保养情况

(B)作业场所的环境及各种危险、有害因素

(C)作业人员安全教育培训

(D)冲压设备、模具的安全性

91. 光电保护装置的优点有( )。

(A)操作人员无障碍感 (B)无约束感

(C)使用寿命长 (D)生产效率低

92. 开卷机的种类很多,根据卷料展开方向来说,可以分为( )。

(A)上开式 (B)前开式 (C)下开式 (D)后开式

93. 工作机械的电气控制线路由( )组成。

(A)动力电路 (B)控制电路 (C)信号电路 (D)保护电路

94. 气动三大件是指(　　)组合在一起使用。
(A)分水滤气器　(B)调压阀　(C)消音器　(D)油雾器
95. 油压机比水压机的使用范围越来越广泛,主要原因是油压机和水压机相比(　　)。
(A)能传递压强　(B)防锈蚀强　(C)润滑性能好　(D)流动性好
96. 液压机与机械压力机相比有(　　)特点。
(A)压力与速度可以无级调节　(B)能在行程的任意位置发挥全压
(C)运动速度快,生产率高　(D)比曲柄压力机简单灵活
97. 液压机按操纵方式分(　　)。
(A)挤压液压机　(B)手动液压机
(C)半自动液压机　(D)全自动液压机
98. 液压机主要由三部分组成,分别是(　　)。
(A)机械控制系统　(B)液压控制系统　(C)主机　(D)动力系统
99. 按控制方式分类,液压设备包括(　　)液压设备。
(A)电控　(B)机控　(C)精密　(D)手控
100. 液压机的技术参数是由(　　)来确定的。
(A)工作能力　(B)工艺用途　(C)结构类型　(D)自身质量
101. 液压泵的总效率为(　　)的乘积。
(A)液压效率　(B)机械效率　(C)流量效率　(D)容积效率
102. 液压传动系统中,常用的压力控制阀有(　　)。
(A)溢流阀　(B)减压阀　(C)节流阀　(D)顺序阀
103. 液压传动系统中,常用的方向控制阀有(　　)。
(A)溢流阀　(B)单向阀　(C)顺序阀　(D)换向阀
104. 下列关于溢流阀说法错误的是(　　)。
(A)常态下阀口是常开的　(B)进出油口都有压力
(C)阀芯随系统压力的变动而移动　(D)一般连接在液压缸的回路上
105. 剪板机的床身安装时为了增加稳定性一般要用(　　)连接。
(A)横梁　(B)螺栓　(C)撑板　(D)焊接
106. 剪板机几何精度检验的项目有(　　)。
(A)刀片刃口间隙的均匀度
(B)下刀片和挡料器的平行度
(C)与下刀片贴合的垂直支承面对上刀架行程的平行度
(D)与上刀片贴合的垂直支承面对上刀架行程的平行度
107. 下刀片和挡料器的平行度检验时所用到的工具有(　　)。
(A)内径千分尺　(B)游标高度尺　(C)塞尺　(D)指示器
108. 检验机床的调平时用到的检测工具有(　　)。
(A)水平仪　(B)检验平尺　(C)量块　(D)游标卡尺
109. 检验试件的直线度所用到的检测工具有(　　)。
(A)检验平尺　(B)检验平台　(C)塞尺　(D)量规
110. 机械传动式的辊式板料校平机按照传动方式可以分为(　　)。

(A)万向节轴传动式 (B)分辊驱动式
(C)分排驱动式 (D)分向驱动式

111. 按照工作辊的排列方式,辊式板料校平机可分为( )。
(A)上辊单调式 (B)辊列平行式 (C)辊列不平行式 (D)下辊单调式

112. 干式摩擦离合器分为( )。
(A)多盘式 (B)单盘镶块式 (C)轮胎式 (D)转键式

113. 双转键式离合器的工作键不会传递( )。
(A)工作力 (B)工作速度 (C)工作扭矩 (D)工作力矩

114. 下列辊式送料装置的特点正确的是( )。
(A)辊轴送料装置通用性强,适用范围广,对送进材料的板厚和宽度限制少
(B)送进长度只能在较小的范围内调整
(C)对被送进材料的表面粗糙度要求较高
(D)辊式送料比其他任何送料的送进速度高

115. 驱动圆辊的机构有( )。
(A)曲柄摇杆机构 (B)离合器传动机构
(C)齿轮齿条机构 (D)棘轮棘爪机构

116. 曲柄压力机按连杆数目分为( )。
(A)单点压力机 (B)双点压力机 (C)三点压力机 (D)四点压力机

117. 曲柄压力机的种类很多,按工艺用途分为( )。
(A)曲轴式压力机 (B)板料冲压压力机
(C)体积模锻压力机 (D)剪切机

118. 曲柄压力机的传动系统有( )。
(A)齿轮传动 (B)皮带传动 (C)链传动 (D)涡轮传动

119. 下列关于曲柄压力机描述正确的是( )。
(A)终端位置能够准确确定 (B)离下死点越远,所产生的压力越小
(C)不能调节压力 (D)能够保压

120. 异步电动机按转子结构还可分为( )。
(A)绕线式 (B)异步式 (C)鼠笼式 (D)同步式

121. 下列是三相异步电动机不能启动原因的是( )。
(A)电源未接通 (B)熔丝熔断 (C)转子铜条松动 (D)轴承损坏

122. 电动机带负载运行时转速缓慢的原因有( )。
(A)轴承缺油 (B)电源电压过低 (C)相绕组反接 (D)负载过载

123. 电动机振动的原因有( )。
(A)定子绕组接地 (B)皮带盘不平衡
(C)鼠笼式转子断条 (D)固定电动机的地脚螺栓松动

124. 液压油在液压系统中的作用是( )。
(A)冷却 (B)能量传递 (C)系统润滑 (D)防腐、防锈

125. 液体常用的黏度表示方法有( )。
(A)动力黏度 (B)运动黏度 (C)条件黏度 (D)载荷黏度

126. 液压油的品种很多,主要分为(　　)。
(A)矿油型　(B)液化型　(C)乳化型　(D)合成型
127. 液压油油质鉴别包括(　　)。
(A)水分含量的鉴别　(B)杂质含量的鉴别
(C)黏度变化的鉴别　(D)质量变化的鉴别
128. 液压油杂质含量的鉴别方法有(　　)。
(A)感官鉴别　(B)加温鉴别　(C)滤纸鉴别　(D)声音鉴别
129. 拉伸机矫正主要适用于(　　)。
(A)型材扭曲矫正　(B)薄板翘曲矫正
(C)角钢矫直　(D)板材校平
130. 校平机是利用多辊工作原理,使板料在上、下校平辊之间(　　),达到校平的目的。
(A)变厚　(B)变形　(C)变薄　(D)消除应力
131. 变频器按照其控制方式可以分为(　　)。
(A)V/F 型　(B)矢量型　(C)直接转矩型　(D)通用型
132. 变压器并列运行的条件有(　　)。
(A)变比差不超过 5%　(B)短路电压差不超过 10%
(C)线圈接线组别相同　(D)容量比不超过 3∶1 且相序相同
133. PLC 从结构上分为(　　)。
(A)固定式　(B)移动式　(C)分散式　(D)组合式
134. 电气设备应作保护接地或接零的部位有(　　)。
(A)电机、电器的外壳　(B)隔离开关等的操作机构
(C)配电盘与控制台的金属框架　(D)电缆头的金属外壳
135. 允许照明线路的零线作为向其他回路供电的电气设施的接零线的条件有(　　)。
(A)所有回路接在同一低压电源上
(B)照明零线的阻抗符合其他回路接零的要求
(C)其他回路供电时,照明零线不能断开
(D)所有回路没有接在同一低压电源上
136. 下列属于数控机床故障诊断内容的有(　　)。
(A)离线诊断　(B)点检诊断　(C)操作诊断　(D)在线诊断
137. 润滑系统常见的故障有(　　)。
(A)油管碰扁　(B)油管接头处漏油　(C)油路堵塞　(D)油管碰破
138. 油泵出现不出油故障时的原因有(　　)。
(A)油孔被堵塞　(B)油泵破裂　(C)油质不良　(D)油泵中有空气
139. 冲床曲轴轴承发热的处理方式有(　　)。
(A)添加润滑油　(B)重磨轴颈　(C)刮研铜瓦　(D)添加冷却系统
140. 造成液压系统不能升压故障的原因有(　　)。
(A)溢流阀不正常　(B)换向阀故障
(C)油泵压力下降　(D)滤油网堵塞
141. 液压系统出现油泵过热故障的消除方法是(　　)。

(A)油泵降压 (B)更换油液 (C)更换零件 (D)调整油面

142. 密封不好或磨损会使液压阀产生(　　)故障。

(A)溢流阀压力下降 (B)电液控制阀由于漏油压力下降

(C)电液控制阀由于行程不足换向不灵 (D)平衡阀工作压力下降

143. 剪板机的液压阀包括(　　)。

(A)溢流阀 (B)电液换向阀 (C)平衡阀 (D)安全阀

144. 编制冲压工艺规程是根据(　　)拟订出几种可能的工艺方案,进行比较,优先选出一种技术上可行,经济上合理的最佳工艺方案。

(A)生产批量 (B)冲压件特点 (C)生产能力 (D)现有设备能力

145. 冲压工艺文件一般以工艺过程卡的形式表示,其内容有(　　)。

(A)工序名称 (B)工序图 (C)选用设备 (D)工序次数

146.(　　)对热塑性塑料的剪切面有很大的影响。

(A)密度 (B)温度 (C)速度 (D)质量

147. 下面可作为划线工具的有(　　)。

(A)划针盘 (B)百分表 (C)高度游标卡尺 (D)V形铁

148. 常用的划线基准有(　　)。

(A)以两个相互垂直的平面为基准

(B)以一个平面与一个中心平面为基准

(C)以两个相互垂直的中心平面为基准

(D)以两个相互平行的平面为基准

149. 冲裁排样的方法直接影响(　　)。

(A)材料的利用率 (B)冲模结构 (C)制件质量 (D)生产率

150. 排样的方法主要有(　　)。

(A)搭边排样 (B)无废料排样 (C)少搭边排样 (D)无搭边排样

151. 冲压用材料大部分都是各种规格的(　　)。

(A)板料 (B)条料 (C)块料 (D)卷料

152. 钢中不能用火花鉴别的合金元素有(　　)。

(A)S (B)Cr (C)P (D)Cu

153. 火花鉴别时,有抑制火花爆裂作用的合金元素有(　　)。

(A)V (B)Ni (C)Mo (D)Cr

154. 位置误差包括(　　)。

(A)定向误差 (B)定位误差 (C)跳动 (D)绝对误差

155. 几何形状误差包括(　　)。

(A)立体波纹 (B)宏观几何形状误差

(C)微观几何形状误差 (D)表面波纹

156. 加工误差包括(　　)。

(A)尺寸误差 (B)几何形状误差

(C)相对误差 (D)表面相互位置误差

157. 工步是在(　　)都不变的情况下所完成的那一部分工艺过程。

(A)加工表面　(B)切削刀具　(C)切削用量　(D)切削工具

158. 展开放样的基本方法有(　　)。

(A)四边形法　(B)平行法　(C)放射线法　(D)三角形法

159. 不可以用平行线展开的件是(　　)。

(A)天圆地方　(B)棱台　(C)圆锥体　(D)圆柱体

160. 放样有(　　)。

(A)实体放样　(B)光学放样　(C)计算机放样　(D)力学放样

161. 求作展开图的方法有(　　)。

(A)几何法　(B)作图法　(C)代数法　(D)计算法

162. 电火花成型加工中最常见的两种形式是(　　)。

(A)电火花穿孔加工　(B)电火花型腔加工

(C)电火花切槽加工　(D)电火花切边加工

163. 电火花加工时要对工作液进行过滤,常见的过滤方式有(　　)。

(A)滤网过滤　(B)介质过滤　(C)离心过滤　(D)循环过滤

164. 剪板机的(　　)运动部位必须安装防护罩。

(A)皮带　(B)飞轮　(C)齿轮　(D)轴

165. 机械式安全装置主要有(　　)。

(A)推手式　(B)杠杆式　(C)摆杆式　(D)拉手式

166. 冲压设备的防护装置类型有(　　)。

(A)机械式　(B)按钮式　(C)光电式　(D)感应式

167. 钢丝绳的选择包括(　　)。

(A)钢丝绳结构形式的选择　(B)钢丝绳直径的确定

(C)钢丝绳长度的确定　(D)钢丝绳重量的确定

168. 起吊重物或穿绕滑轮用的钢丝绳,可以选择(　　)规格的钢丝绳。

(A)6×19　(B)6×37　(C)6×61　(D)6×10

169. 钢丝绳弯曲时所受到的弯曲应力与(　　)无关。

(A)钢丝绳直径　(B)弯曲半径　(C)钢丝绳长度　(D)股数

170. 在选择钢丝绳的安全系数时,应按以下的原则来选用(　　)。

(A)重物的重量　(B)钢丝绳的直径　(C)安全　(D)经济

171. 钢丝绳的安全系数应(　　)最小许用安全系数。

(A)等于　(B)大于　(C)小于　(D)无关

172. 必须经常检查钢丝绳的(　　)是否达到报废标准。

(A)断丝数　(B)磨损量　(C)锈蚀量　(D)直径大小

173. 常见绳索的拉力分为(　　)。

(A)允许拉力　(B)弹性拉力　(C)破断拉力　(D)几何拉力

174. 下列不属于百分表的作用的是(　　)。

(A)调整测量时间　(B)测量转数

(C)进行比较测量　(D)测量切削速度

175. 百分表常见的固定方式有(　　)。

(A)支架式表架固定　　(B)万能式表架固定
(C)平台式表架固定　　(D)磁动式表架固定

176. 角度的单位有(　　)。
(A)度　　(B)分　　(C)秒　　(D)毫秒

177. 根据测量结果的方式不同,测量可分为(　　)。
(A)间接测量　　(B)接触测量　　(C)估算测量　　(D)直接测量

178. 游标高度尺的测量范围为(　　)mm。
(A)0～200　　(B)0～300　　(C)0～500　　(D)0～1 000

179. 游标高度尺分度值有(　　)mm。
(A)0.02　　(B)0.05　　(C)0.10　　(D)0.15

180. 设备点检判定标准分为(　　)。
(A)定时基准　　(B)定性基准　　(C)定量基准　　(D)定位基准

181. 精益生产将企业生产活动按照是否增值划分为(　　)。
(A)增值活动　　(B)不增值尚难以消除的活动
(C)不增值可立即消除的活动　　(D)半增值活动

182. 精益生产各要素中与人密切相关的要素有(　　)。
(A)领导能力　　(B)培训　　(C)成本管理　　(D)班组管理

183. TPM 的特点是(　　)。
(A)全效率　　(B)全方位　　(C)全系统　　(D)全员参加

184. 分层的标志通常有(　　),按不同的时间,环境或检查方法等进行分层。
(A)按操作人员分层　　(B)按加工设备分层
(C)按所加工的原材料分层　　(D)按操作方法分层

185. 在单件生产时间中,(　　)所占比重最大。
(A)休息时间　　(B)辅助时间　　(C)终结时间　　(D)基本时间

186. 工时定额的工作内容不包括(　　)。
(A)工休时间　　(B)吃饭时间　　(C)学习时间　　(D)娱乐时间

四、判 断 题

1. 在装配图中,凡实心零件和标准件,当剖切平面通过它们的轴线或在对称平面剖切时,这些零件均按不剖绘制。(　　)

2. 装配图上只需标明表示机器或部件规格、性能以及装配、检验安装所必须的尺寸。(　　)

3. 物体上凡是相互平行的直线,在轴测图中不一定互相平行。(　　)

4. 装配图上一组紧固件或装配关系清楚的零件组可用公共指引线。(　　)

5. 装配图中零件序号指引线可以相互交叉。(　　)

6. 非标准的螺纹,应画出螺纹牙型,并注出所需要的尺寸及有关要求。(　　)

7. 测绘与设计不同,测绘是先有实物,再画出图样。(　　)

8. 零件测绘工作常在机器设备的现场进行,受条件限制,一般先绘制出零件草图。(　　)

9. 草图上不允许标注封闭尺寸和重复尺寸。(　　)
10. 凡以曲线为母线或以相邻两直线相交于一点的表面,称为不可展开表面。(　　)
11. 用孔的尺寸减去轴的尺寸所得的代数值为零,该种配合称为间隙配合。(　　)
12. 在标准极限与配合制中,规定了基孔制配合这样一种配合制度。(　　)
13. 间隙配合中,孔的公差带完全位于轴的公差带之下。(　　)
14. 具有间隙(包括最小间隙等于零)的配合叫过渡配合。(　　)
15. 韧性是代表金属材料对塑性变形抗力的大小。(　　)
16. ZG310-570 比 ZG200-400 的强度极限和屈服极限高而塑性和冲击韧性低。(　　)
17. 黑色金属的机械性能与含碳量有很大关系,含碳量越高塑性越好。(　　)
18. 洛氏硬度试验时我国常用的是 HRC、HRB、HRA 三种。(　　)
19. 金属材料抵抗在冲击载荷作用下而不破坏的性能称为强度。(　　)
20. 多晶体是由形状、大小、位向都不相同的许多晶格组成的。(　　)
21. 弯曲使金属发生塑性变形,因此能保持一定的永久变形。(　　)
22. 凡在金属的再结晶温度以下进行的加工都称为热加工。(　　)
23. 冷塑性变形可使金属的性能发生明显的变化。(　　)
24. 理论结晶温度和实际结晶温度之和称为过冷度。(　　)
25. 金属晶粒的大小对机械性能的影响较大。(　　)
26. 金属理想晶体的强度比实际晶体的强度高得多。(　　)
27. 金属在固态下随温度的改变,由一种晶格转变为另一种晶格的现象,称为同素异构转变。(　　)
28. 金属的同素异构转变也遵循晶核形成与晶核长大的规律。(　　)
29. 晶体缺陷对金属的性能有重要影响。(　　)
30. 金属和合金中的晶体缺陷使得力学性能变坏,故必须加以消除。(　　)
31. 冲击值 α_k 越小,表示材料的韧性越好。(　　)
32. 金属的晶格类型和晶格常数发生改变时,金属的性能也会发生相应的变化。(　　)
33. 晶体有固定的熔点,而非晶体没有固定的熔点。(　　)
34. 应力是单位面积上所承受的附加内力,而应变是指物体的变形程度。(　　)
35. 磁粉探伤常用于铁磁性材料表面的缺陷检验。(　　)
36. 冲压工常用的吊具应进行定期探伤检查。(　　)
37. 热继电器分类属于控制电器。(　　)
38. 绘制电气控制线路时,动力电路和控制、信号电路不分开画。(　　)
39. 阅读电气控制原理图首先应了解工作机械有几台电动机,它们的用途、运转要求和相互联系等。(　　)
40. 总起重量为起重机在正常作业时允许吊起的重物或物料,连同可分吊具或属具质量的总和。(　　)
41. 对起重机进行润滑操作时,不需要对起重机进行完全断电。(　　)
42. 起重机至少每月全面检查一次,如发现不正常响声及部件磨损,应及时消除。(　　)
43. 在起重机进行维护保养时,禁止开动和试车。(　　)
44. 吊钩桥式起重机是以吊钩或者电磁吸盘作为吊具的桥式起重机。(　　)

45. 桥式起重机只能利用桅杆进行整体吊装。( )

46. 摩擦传动一般用于大功率的场合,能够保证准确的传动比。( )

47. 啮合传动一般要求较高的制造精度和安装精度。( )

48. 等高齿大端齿高等于小端齿高,多用于轻型机械。( )

49. 在啮合过程中,齿轮根部所受的弯矩是固定不变的。( )

50. 严重的齿面点蚀会破坏齿轮轮齿的工作表面,造成传动不平稳,产生噪声,甚至使齿轮失去工作能力。( )

51. 齿面出现点蚀后,将严重损坏齿面而导致齿轮失效。( )

52. 高度变位齿轮传动的中心距与未变位时相同;角度变位齿轮传动的中心距与未变位时不同。( )

53. 基节偏差是实际基节与公称基节之差。实际基节是指基圆柱切平面所截两相邻同侧齿面的交线之间的法向距离。( )

54. 交错轴斜齿轮传动,用于交错两轴的斜齿圆柱齿轮传动,由于是点接触,齿面有较大的滑动,效率和承载能力均较低,一般用于传递运动或小功率传动。( )

55. 一般齿轮传动使用抗氧防锈工业齿轮油。( )

56. 齿轮传动根据齿面接触应力、齿轮情况和使用工况选择润滑油的种类。( )

57. 一般情况下,当传动比、中心距、速度相同时,蜗杆传动效率略高于齿轮传动效率。( )

58. 蜗杆传动按圆柱蜗杆传动分轨迹面型和包络面型两大类。( )

59. 链传动结构紧凑,传递同样的功率,轮廓尺寸较带传动大。( )

60. 链传动主要用于传动比要求较准确,且两轴相距较远,而且不宜采用齿轮的地方。( )

61. 链传动既可用于减速传动,也可用于增速传动。( )

62. 带传动,带的寿命短,不宜用于高温和有酸、碱、油的场合。( )

63. 多从动轮带传动常采用双面 V 带,用于开口传动时,双面 V 带可与相应的普通 V 带带轮配用。( )

64. 液压泵的工作原理是:工作容积由小变大而进油,工作容积由大变小而压油。( )

65. 液体中各点的压力在不同方向上是不同的。( )

66. 液压传动不宜在很高或很低的温度下工作。( )

67. 液压传动能实现无级调速。( )

68. 点检是设备维修的基础,通过点检可以把液压系统中存在的问题排除在萌芽状态,并为设备维修提供第一手资料。( )

69. 相对液压传动而言,气动传动动作迅速,反应快,一般只需 0.02~0.3 s 就可达到工作压力和速度。( )

70. 气压传动装置比液压传动装置输出的力要大得多。( )

71. 机械设备通常是由一个或几个基本机构所组成的。( )

72. 为了便于研究和叙述,常用“机械”一词作为机器和机构的总称。( )

73. 环境不会影响设备安装精度。( )

74. 机械连接比胶接或点焊等连接技术可靠,而且容易更换。( )

75. 机床导轨是机床各运动部件做相对运动的导向面,是保证工装和工件相对运动精度的关键。(　　)

76. 轴的作用是支撑回转运动的零件(齿轮、叶轮等),并传递运动和转矩。(　　)

77. 光电安全装置属于压力机安全启动装置之一。(　　)

78. 为了提高冲压作业的安全性,必须提供必要的安全防护措施,对操作实行保护。(　　)

79. 冲床开机前必须确认光电保护装置处于开启保护有效,保护范围安全可靠的状态。(　　)

80. 从开卷机出来的板料可以直接提供给剪板机进行剪裁。(　　)

81. 开卷机在卷料料头引入校平机后,应将开卷机用的离合器脱开,使卷料的转动变为被动。(　　)

82. 设备的辅助装置主要包括:润滑系统、气动系统、液压系统、过载保护系统及其他专用机床的设施。(　　)

83. 液压辅件的作用是提供必要的条件使系统正常工作并便于检测控制。(　　)

84. 液压机工作压力大小与行程有关。(　　)

85. 液压机的公称压力是指活动横梁离开工作台某一特定距离所能达到的压力。(　　)

86. 液压机的行程可以任意调节。(　　)

87. 液压机按其传动形式分为泵直接传动液压机和泵—蓄能器传动液压机两类。(　　)

88. 凡液压系统中有减压阀,则必定有减压回路。(　　)

89. 凡液压系统中有顺序阀,则必定有顺序回路。(　　)

90. 节流阀和调速阀都是用来调节流量及稳定流量的流量控制阀。(　　)

91. 液压机中单向阀可以用来作背压阀。(　　)

92. Q11-20×2500 型剪板机用作热剪板料。(　　)

93. 在精度检验过程中,对影响精度的机构和零件可以进行调整。(　　)

94. 试件的垂直度也是剪板机工作精度检验的项目。(　　)

95. 万向节轴传动是应用最广泛的一种传动结构形式。(　　)

96. 辊式板料校平的弯曲变形过程符合弹性理论。(　　)

97. 横竖上调式卷板机一般适用于中型、重型卷板工作。(　　)

98. 摇臂铣钻床生产率低,劳动强度高。(　　)

99. 轮胎式摩擦离合器属于湿式摩擦离合器。(　　)

100. 曲柄压力机都采用圆盘摩擦式离合器。(　　)

101. 抽键式刚性离合器一般适用于冲次为 200 次/min 以下、公称压力小于 1 000 kN 的压力机。(　　)

102. 转键式刚性离合器一般适用于冲次为 200 次/min 以下、公称压力小于 1 600 kN 的压力机。(　　)

103. 转键式离合器的工作是通过操纵部分的动作来实现的。(　　)

104. 辊式送料装置是各种送料装置中应用最广泛的一种。(　　)

105. 辊式自动送料装置只能用于卷料的送进。(　　)

106. 双边卧辊能应用于很薄的条料、卷料,但是不能保证材料全部被利用。(　　)

107. 单工位夹钳式送料装置用于圆形块料的送料。( )

108. 所有的曲柄压力机都称为冲床。( )

109. 曲柄压力机的闭合高度是指压力机滑块在下死点时,滑块底面到工作台上平面间的距离。( )

110. 所有曲柄压力机的行程都是固定的。( )

111. "石棉塑料 Z64"可用作曲柄压力机用的摩擦离合器的摩擦材料。( )

112. 曲柄压力机上飞轮的作用是将电动机空程运转时的能量吸收储存起来,在冲压时释放出来,起到储存和释放能量的作用。( )

113. 通电导线在磁场中受力运动的方向跟电流方向和磁感线方向无关。( )

114. 电动机是一种旋转式电动机器。( )

115. 当电源电压超过电动机的额定电压时会使电动机过热。( )

116. 润滑油油质不良可能造成电动机轴承过热。( )

117. 选择油液品种时,优先选购产品推荐的专用液压油,这是保证设备工作可靠性和寿命的关键。( )

118. 洒水车液压传动系统常用液压油为合成型。( )

119. 液压油油液呈乳白色浑浊状,则说明油液中含有大量的水分。( )

120. 用玻璃板倾斜法可以鉴别液压油质量变化。( )

121. 开卷线上一般都附带有校平功能。( )

122. 矫正原理是采用工程力学中的材料受拉产生伸长,受压产生压缩和中性层不变的原理。( )

123. 电动机使用变频器的作用就是为了调速,并降低启动电流。( )

124. 变频器只有节能、调速的作用。( )

125. 变压器外壳必须与设备的接地网连接可靠。( )

126. PLC 与电气回路的接口,是通过输入输出部分(I/O)完成的。( )

127. 可以将几台设备连在一起后再接地或接零。( )

128. 数控机床尽管比较复杂,但就其故障,主要分机械故障和电子、电气故障两大类。( )

129. 数控机床的故障主要是电气故障。( )

130. 数控系统故障自诊断不是数控机床故障诊断的内容。( )

131. 剪板机在产生刀刃间隙不适当时应该严格选择好刀片,调整好下剪刃座定位螺栓。( )

132. 弹簧不好或损坏会使溢流阀压力变动或者失去性能。( )

133. 用连续模的冲压工序和毛坯下料工序应绘出工序图。( )

134. 温度和速度对热塑性塑料的剪切面有很大影响是因为塑料熔点低。( )

135. 聚氯乙烯塑料是由于裂纹长大和二次剪切来进行分离的。( )

136. 聚丙烯和聚氯乙烯的切断方式和金属剪切相似。( )

137. 中性层在板料弯曲时无论半径与料厚比值是多少,都是在板料中间位置。( )

138. 中性层随弯曲角度而发生变化。( )

139. 弯曲时材料的中性层,就是材料断面的中心层。( )

140. 材料在弯曲过程中，整个断面都有应力，外层受拉伸，内层受挤压，没有一个既不受压又不受拉的中层存在。(　　)

141. 中性层由材料厚度的中间向弯曲内径方向移动，其移动之数值，以中性层位移系数 x 而定。(　　)

142. 大型工件划线时，如果没有长的钢直尺，可用拉线代替，没有大的直角尺则可用线坠代替。(　　)

143. 放样划线时垂直线可以直接用量角器或 90°角尺划出。(　　)

144. 排出不同排样方案以成本最低为原则，确定排样方法及下料形式，并算出材料的消耗量是工艺规程的主要任务之一。(　　)

145. 一般来说，排样时工件间不允许交错排列(薄板可以除外)。(　　)

146. 对称排样法材料的利用率可以达到 100%。(　　)

147. 火花鉴别时，根据火花的特征，可大致判断出钢材的碳含量和其他元素的含量。(　　)

148. 火花鉴别时，合金钢火花的特征与加入合金元素无关。(　　)

149. 火花鉴别时，Si 和 W 可以助长火花的爆裂。(　　)

150. 漆膜厚度不定期抽查，采用试板与钢材同时喷漆方法，试板漆膜厚度检测值为钢材的漆膜厚度值。(　　)

151. 在同一工序中，工件在工作位置只装夹一次。(　　)

152. 切削加工对零件结构工艺性的要求是加工时便于进刀和退刀。(　　)

153. 划线时，都应从划线基准开始。(　　)

154. 在划线交点以及划线上按一定间隔打样冲眼，以保证加工界限清楚可靠，以及便于质量检验。(　　)

155. 三角形法展开放样适用于素线相互平行的构件展开。(　　)

156. 放射线展开法适用于素线或素线延长线汇交于一点的构件。(　　)

157. 放样展开中对于形状简单的工件采用作图法就可以求得其展开尺寸而作出展开图。(　　)

158. 电火花型腔加工时，电极损耗将直接影响加工精度。(　　)

159. 电火花加工工作者必须站在绝缘胶皮或木质脚踏板上。(　　)

160. 线切割加工用的电极丝非常细(直径为 0.04～0.2 mm)，因此能加工出精密细小、形状复杂的零件。(　　)

161. 在剪板机上安置的防护栅栏不能挡住操作者的眼睛而看不到裁切的部位。(　　)

162. 钢丝绳的最大拉力应该等于钢丝绳的许用拉力。(　　)

163. 在露天或有腐蚀性气体环境中，可以选用光面钢丝绳。(　　)

164. 钢丝绳有一个股整股折断时，应报废。(　　)

165. 常用 6 股 19 丝的直径为 1/2 in 的普通钢丝绳的允许拉力为 1 100 kgf。(　　)

166. 常用直径为 3/4 in 的棕绳的破断拉力为 2 400 kgf。(　　)

167. 在正常使用情况下，钢丝绳绳股中钢丝的断裂是逐渐产生的。(　　)

168. 杠杆百分表可使测量头回转 180°。(　　)

169. 使用百分表时，应将它固定在稳定的表架上。(　　)

170. 不能使用杠杆百分表调整机床与工件的同轴度。(　　)

171. 用百分表可以检查平面度。(　　)

172. 百分表中指针转动一格,表示测杆移动 0.02 mm。(　　)

173. 测量时由于受测量条件和测量方法的限制,不可避免地会产生误差。(　　)

174. 环境对测量结果有影响。(　　)

175. 温度对测量结果有影响。(　　)

176. 检测平面度时只需将被测量面擦拭干净即可。(　　)

177. 游标高度尺具有结构简单、制造容易等优点。(　　)

178. 高度游标卡尺不但能测量工件高度,还可以进行划线。(　　)

179. 游标高度尺的测量力难以控制,所以,测量误差较大,只适用于较低精度的测量。(　　)

180. 用深度千分尺测量深度为 25～100 mm 时,示值误差小于 0.003 mm。(　　)

181. 深度游标卡尺只能测量孔,槽的深度,不能测量轴台高度。(　　)

182. 设备点检是一种科学的设备管理方法。(　　)

183. 轴承日常点检主要是检查振动和异音。(　　)

184. 标准化的目的是获得最佳秩序和社会效益。(　　)

185. 精益生产就是用最少的资源,最短的时间,持续性的实现最大的价值。(　　)

186. 精益管理的目标是企业在为顾客提供满意的产品与服务的同时,把浪费降到最低程度。(　　)

187. 精益管理就是简单的消除浪费。(　　)

188. TPM 的主要目标是全员参加。(　　)

189. PDCA 循环中的“P”代表总结。(　　)

190. QC 小组活动可以不走弯路,以最短的时间,最少的投入,获得最好的效果。(　　)

191. 基本时间是指从工件上切去多余金属层所消耗的时间。(　　)

192. 做排列图时,当项目较多时,可以把频数少的项目合并成“其他”一项,排在最后。(　　)

五、简 答 题

1. 一张完整的装配图包括哪些内容?

2. 零件测绘的步骤是什么?

3. 圆锥体的展开一般常用什么画法?

4. 适用于棱柱体和圆柱体的展开方法是什么?

5. 什么是基轴制?

6. 配合有哪些种类?

7. 什么是间隙配合? 它有什么特点?

8. 什么是金属材料的机械性能?

9. 什么是金属的硬度? 硬度主要有哪两类?

10. 什么叫屈强比? 请写出其关系式。

11. 金属探伤系统由哪些部分组成?

12. 简答电器控制中按照按钮的用途和触头形状可分为几类?
13. 桥式起重机有什么特点?
14. 齿轮的失效形式有很多种,常见的失效形式有哪些?
15. 与平带传动相比较,V 带传动有哪些优点?
16. 与平带传动相比较,V 带传动有哪些缺点?
17. 气压传动的工作原理是什么?
18. 什么是压力机的精度?
19. 提高冲压制品精度的措施有哪些?
20. 螺纹连接的优点是什么?
21. 压力机安全起动装置的作用是什么?
22. 气动控制的优点是什么?
23. 液压机主要是由哪几个部分组成的?
24. 液压机按动作方式如何分类?
25. 根据用途和工作特点液压控制阀可分为几大类,分别是什么?
26. 剪板机工作精度检验对试件的要求是什么?
27. 辊式板料校平机的特点是什么?
28. 辊式板料校平机的参数有哪些?
29. 不对称三辊卷板机的主要特点是什么?
30. 立式卷板机的适用范围是什么?
31. 摇臂铣钻床的适用范围是什么?
32. 离合器通常分为哪两类?
33. 摩擦离合器和制动器的注意事项是什么?
34. 自动送料装置的种类有哪些?
35. 常用的自动送料装置的适用范围是什么?
36. 辊式自动送进装置有哪几种结构类型?
37. 单工位夹钳式送料装置是由哪几部分组成的?
38. 曲柄压力机按曲柄形式可分为几种,分别是什么?
39. 曲柄压力机主要是由哪几部分组成的?
40. 曲柄压力机上采用的制动器有几种,分别是什么?
41. 开式曲柄压力机(冲床)的基本构造是怎样的?
42. 一般电动机的分类?
43. 校平工艺的特点是什么?
44. 钢板矫正机的基本工作原理是什么?
45. 变频器主要是由哪些部分组成的?
46. 变压器的常见保护方式有哪几种?
47. PLC 的特点是什么?
48. 数控机床诊断程序有哪些?
49. 二轴半坐标数控机床是怎样联动的?
50. 润滑系统常见故障是什么? 应如何消除?

51. 油泵最容易出现的故障及原因是什么?
52. 油泵出现不出油故障时应该如何消除?
53. 剪板机在产生踩闸不下刀故障时的消除方法是什么?
54. 液压系统的故障有哪些?
55. 什么是材料的中性层?
56. 进行火花鉴别时,20CrMnMo的火花特征是什么?
57. 什么叫工艺过程?
58. 划线基准的三个类型是什么?
59. 什么是放样?
60. 什么叫钢丝绳的安全系数?
61. 百分表常见的固定方式有哪三种?
62. 百分表装夹注意事项是什么?
63. 简答百分表的工作原理是什么?
64. 设备点检的概念是什么?
65. 机械设备点检的方法有哪些?
66. 简述标准化的定义是什么?
67. 在推行精益管理模式中,需要明确哪几个问题?
68. TPM八大支柱活动是什么?
69. QC小组活动的特点是什么?
70. 什么是ERP?

六、综 合 题

1. 通过装配图能使我们了解什么内容?
2. 装配图画图的步骤分哪几步?
3. 链传动的特点是什么?
4. 液压传动的基本原理是什么?
5. 压力机的精度指标有哪些?
6. 开卷机的主要技术参数有哪些?
7. 蓄能器的用途是什么?
8. 液压机的特点是什么?
9. 液压机的应用范围是什么?
10. 液压机的主要技术参数有哪些?
11. Q11-20×2500型剪板机的结构特点及适用范围是什么?
12. 剪板机对床身的安装有什么要求?
13. 摇臂铣钻床的结构及特点是什么?
14. 曲柄压力机的工作原理是什么?
15. 作为辊式金属板料整平专用设备,试说明开卷校平机的工作原理是什么?
16. 数控机床的工作原理是什么?
17. 制定工艺规程时应注意哪些问题?

18. 编制工艺规程时必须具备的原始材料有哪些?

19. 编制工艺规程的步骤是什么?

20. 温度和速度对热塑性塑料的剪切有何影响?

21. 热塑性塑料剪切分离状况如何?

22. 计算如图1所示 $a=45$ mm、$b=38$ mm、$c=45$ mm、$R=6$ mm、$t=4$ mm、(系数 $x=0.36$)零件的展开尺寸。

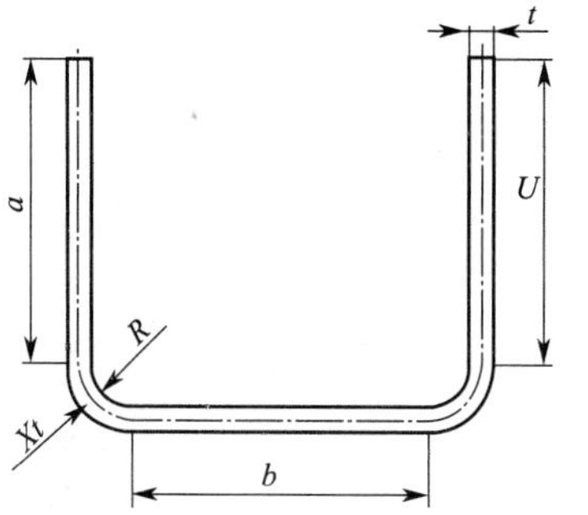

图 1

23. 计算如图2所示无圆角的多角弯曲件的毛料展开长度 L?(多角弯曲系数 x 取0.25)

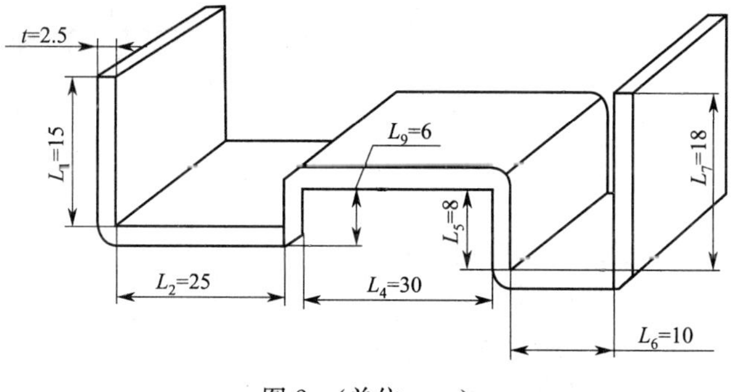

图2 (单位:mm)

24. 如图3所示的工件,计算毛料的展开长度是多少?(已知中性层位移系数 $x=0.38$,$\tan60°=1.732$)

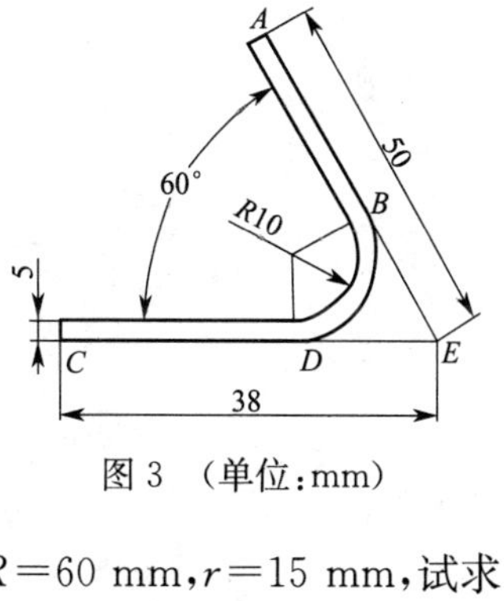

图3 (单位:mm)

25. 如图4所示工件,已知:$R=60$ mm,$r=15$ mm,试求弯形前的毛坯长度(中性层位置

系数 $x_0=0.5$)。

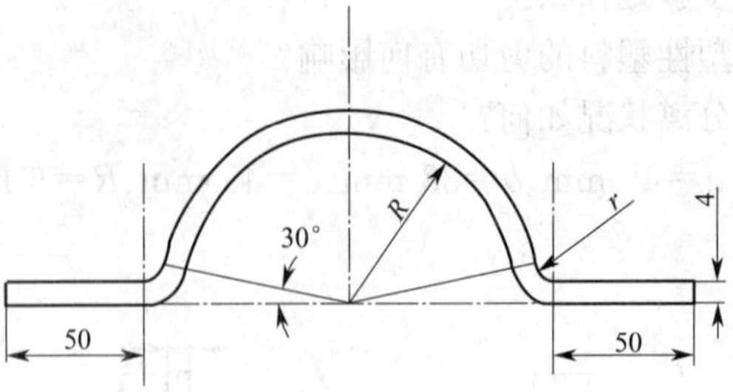

图 4 (单位:mm)

26. 计算如图 5 所示工件毛坯料的展开长度。

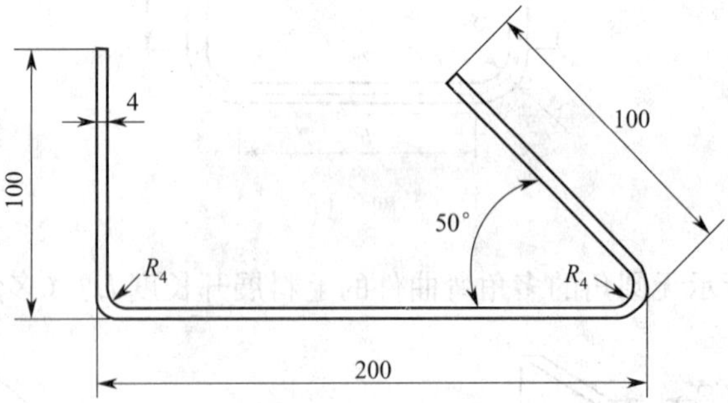

图 5 (单位:mm)

27. 合理排样的一般原则是什么?
28. 板料剪裁及备料工作的发展方向是什么?
29. 工件划线应如何正确选择划线基准?
30. 线切割加工的原理是什么?
31. 叙述液压缸行程终端位置缓冲装置的作用是什么?
32. 起重钢丝绳的特点是什么?
33. 组配尺寸为 48.245 mm 应选用哪些块规?(用 87 块一套块规)
34. ERP 集成性的优点是什么?
35. ERP 系统中的先进理念是什么?

剪切工(高级工)答案

一、填 空 题

1. 责任者	2. 涂黑	3. 装配	4. 装配图
5. 辅助	6. 正等测	7. 投影	8. 一个
9. 一条	10. 测绘	11. 直径	12. 斜度
13. 母线	14. 曲面线	15. 平面	16. 基准孔
17. 轴	18. 基轴	19. 基孔	20. 配合公差
21. 无关	22. 韧性	23. HRC	24. 洛氏硬度
25. 塑性	26. 低	27. 伸长率	28. 塑性
29. 滑移	30. 晶向	31. 长大	32. 恒温
33. 相同	34. 内部	35. 晶体缺陷	36. 变脆
37. 异性	38. 最小	39. 切向拉应力	40. 金属探伤
41. 保护电器	42. 自动电器	43. 2.5	44. 桥式起重机
45. 运移方式	46. 起重机	47. 净质量	48. 最大
49. 集中	50. 分散润滑	51. 桥式起重机	52. 水平
53. 分别	54. 螺旋传动	55. 垂直	56. 垂直
57. 失效	58. 润滑	59. 变大	60. 承载
61. 蜗杆	62. 带传动	63. 圆形带	64. 液体
65. 垂直	66. 油温	67. 油管	68. 伺服
69. 定检	70. 压缩机	71. 气缸	72. 容积式
73. 空气	74. 滑动导轨	75. 螺栓连接	76. 摩擦力
77. 角接触球轴承	78. 开卷	79. 充气式	80. 单向
81. 接线图	82. 润滑	83. 冲压	84. 卧式
85. 帕斯卡	86. Y	87. 动力	88. 理论
89. 间隙	90. 机械能	91. 流量阀	92. 输入流量
93. 节流阀	94. 调整阀	95. 20 mm	96. 增大
97. 塞尺	98. 10	99. 机械传动式	100. 机械校平
101. 闭式卷板机	102. 湿式	103. 摩擦	104. 湿式
105. 寸动	106. 传动	107. 飞轮	108. 卧辊
109. 旋转摩擦力	110. 一推一拉式	111. 固定的	112. 闭式
113. 四副	114. 曲柄连杆机构	115. 放大	116. 单相
117. 电网	118. 机械能	119. 转子	120. 清净液压油
121. 马达	122. 塑性	123. 变频器	124. 呼吸孔

125. 交流电源
126. 接地或接零
127. 螺栓
128. 功能程序
129. 在线诊断
130. 更换新油管
131. 不出油
132. 更换新油
133. 先弯曲后加工孔
134. 拉力
135. 精度
136. 交错
137. 合理排样
138. 精度
139. 工件样板
140. 划线
141. 颜色
142. 狐状
143. 样块对比
144. 表面相互位置
145. 形状
146. 相对
147. 偏离
148. 工序
149. 形状
150. 定位方式
151. 设计基准
152. 加工界线
153. 工件
154. 尺寸
155. 实体
156. 作图法
157. 1∶1
158. 工作液
159. 线切割
160. 金属丝
161. 专用乳化液
162. 1 550 MPa～1 700 MPa
163. 0.05 mm
164. 耐高温
165. 报废
166. 相等
167. 万能
168. 百分表
169. 平面测头
170. 回转圈
171. 100
172. 0.01
173. 光隙
174. 分度值
175. 0.004 mm
176. 5
177. 动态点检
178. 抽查
179. 全部活动
180. ISO
181. 技术
182. 准时化
183. 设备
184. 执行
185. 改进
186. 判断
187. 表格
188. 单件
189. 一个
190. 主要
191. 集成性
192. 模块

二、单项选择题

1. A	2. B	3. D	4. C	5. B	6. C	7. B	8. A	9. B
10. B	11. A	12. A	13. A	14. B	15. D	16. B	17. C	18. C
19. A	20. B	21. C	22. A	23. A	24. C	25. A	26. B	27. D
28. A	29. A	30. C	31. A	32. D	33. B	34. D	35. C	36. A
37. B	38. D	39. A	40. C	41. A	42. C	43. A	44. B	45. B
46. D	47. A	48. D	49. B	50. A	51. B	52. C	53. B	54. A
55. D	56. B	57. A	58. A	59. B	60. C	61. B	62. A	63. B
64. A	65. A	66. C	67. D	68. B	69. A	70. B	71. B	72. B
73. D	74. A	75. D	76. A	77. C	78. A	79. C	80. B	81. D
82. B	83. A	84. B	85. A	86. D	87. A	88. A	89. D	90. C
91. A	92. B	93. B	94. A	95. D	96. D	97. A	98. A	99. B
100. A	101. A	102. B	103. D	104. C	105. A	106. A	107. C	108. C
109. B	110. A	111. A	112. C	113. C	114. C	115. C	116. A	117. B
118. B	119. A	120. D	121. A	122. D	123. A	124. B	125. D	126. A
127. D	128. B	129. A	130. C	131. B	132. B	133. C	134. B	135. C
136. B	137. A	138. B	139. B	140. B	141. D	142. B	143. B	144. D
145. B	146. D	147. B	148. B	149. A	150. B	151. D	152. B	153. A
154. B	155. A	156. C	157. B	158. C	159. B	160. A	161. B	162. A
163. B	164. A	165. C	166. D	167. C	168. A	169. B	170. A	171. C

172. C 173. B 174. D 175. D 176. D 177. B 178. C 179. A 180. B
181. B 182. B 183. C 184. C 185. C 186. D 187. D 188. B 189. D
190. C

三、多项选择题

1. BC 2. AD 3. AC 4. BCD 5. BD 6. AD 7. ABD
8. AC 9. BCD 10. BCD 11. ABC 12. ABC 13. ABCD 14. ACD
15. BCD 16. ABCD 17. AC 18. ACD 19. ABCD 20. ABD 21. ABC
22. BCD 23. ABCD 24. ABCD 25. ABCD 26. BD 27. CD 28. BCD
29. ABCD 30. ACD 31. AC 32. BD 33. BD 34. ABC 35. ABD
36. ABCD 37. ABCD 38. BCD 39. ABD 40. ABD 41. AD 42. ABCD
43. ACD 44. AD 45. BCD 46. ABC 47. ABCD 48. AB 49. ABC
50. ACD 51. ACD 52. BCD 53. ACD 54. ABD 55. BCD 56. ABD
57. ACD 58. ABC 59. ABC 60. ABC 61. BCD 62. AC 63. ABC
64. ABCD 65. BD 66. ABD 67. ABC 68. BCD 69. ABCD 70. ABD
71. ABCD 72. ABCD 73. ABCD 74. ABCD 75. ABCD 76. ABD 77. ABC
78. ACD 79. ABD 80. ABD 81. ABCD 82. ABCD 83. ABD 84. ABD
85. BCD 86. ACD 87. ABD 88. BCD 89. ABCD 90. ABCD 91. ABC
92. AC 93. ABCD 94. ABD 95. BC 96. AB 97. BCD 98. BCD
99. ABD 100. BC 101. BD 102. ABD 103. BD 104. ACD 105. AC
106. ABCD 107. AC 108. ABC 109. BCD 110. ABC 111. ABC 112. ABC
113. ABD 114. AD 115. AC 116. ABD 117. BCD 118. AB 119. ABC
120. AC 121. ABCD 122. BCD 123. BD 124. ABCD 125. ABC 126. ACD
127. ABCD 128. ABCD 129. AB 130. BD 131. ABC 132. ABCD 133. AD
134. ABCD 135. ABC 136. BC 137. ABCD 138. AD 139. ABC 140. ABCD
141. BCD 142. ABD 143. ABC 144. ABCD 145. ABCD 146. BC 147. ACD
148. ABC 149. ABCD 150. ACD 151. ABCD 152. ACD 153. BC 154. ABC
155. BCD 156. ABD 157. ABC 158. BCD 159. ABC 160. ABC 161. BD
162. AB 163. BC 164. ABCD 165. ACD 166. ABCD 167. AB 168. BC
169. ACD 170. CD 171. AB 172. ABC 173. AC 174. ABD 175. BCD
176. ABC 177. AD 178. ABCD 179. ABC 180. BC 181. ABC 182. ABD
183. ACD 184. ABCD 185. BD 186. BCD

四、判 断 题

1. √ 2. √ 3. × 4. √ 5. × 6. √ 7. √ 8. × 9. ×
10. × 11. × 12. × 13. × 14. × 15. × 16. √ 17. × 18. √
19. × 20. × 21. √ 22. × 23. √ 24. × 25. √ 26. √ 27. √
28. √ 29. √ 30. √ 31. × 32. √ 33. × 34. √ 35. √ 36. √
37. × 38. × 39. √ 40. × 41. × 42. √ 43. √ 44. × 45. ×

46. ×	47. √	48. ×	49. ×	50. √	51. ×	52. √	53. √	54. ×
55. √	56. √	57. ×	58. √	59. ×	60. √	61. √	62. √	63. √
64. √	65. ×	66. √	67. √	68. √	69. √	70. ×	71. √	72. √
73. ×	74. √	75. √	76. √	77. √	78. √	79. √	80. √	81. √
82. √	83. √	84. √	85. ×	86. √	87. √	88. √	89. ×	90. ×
91. ×	92. ×	93. ×	94. ×	95. √	96. √	97. √	98. ×	99. ×
100. ×	101. √	102. ×	103. √	104. √	105. ×	106. ×	107. √	108. ×
109. √	110. ×	111. √	112. √	113. ×	114. √	115. √	116. √	117. √
118. ×	119. √	120. ×	121. √	122. √	123. √	124. ×	125. √	126. √
127. ×	128. √	129. ×	130. ×	131. √	132. √	133. ×	134. √	135. ×
136. √	137. ×	138. √	139. ×	140. ×	141. ×	142. √	143. ×	144. √
145. √	146. ×	147. √	148. ×	149. ×	150. √	151. ×	152. √	153. √
154. √	155. ×	156. √	157. ×	158. √	159. √	160. √	161. √	162. ×
163. ×	164. √	165. ×	166. ×	167. √	168. √	169. √	170. ×	171. √
172. ×	173. √	174. √	175. √	176. ×	177. ×	178. √	179. √	180. ×
181. ×	182. √	183. ×	184. ×	185. √	186. √	187. ×	188. ×	189. ×
190. ×	191. √	192. √						

五、简 答 题

1. 答：一张完整的装配图应该包括：(1)一组图形(1 分)；(2)必要的尺寸(1 分)；(3)必要的技术条件(1 分)；(4)零件序号和明细表(1 分)；(5)填写完整的标题栏(1 分)。

2. 答：零件测绘的步骤如下：(1)了解分析测绘对象(1 分)；(2)拆卸零、部件(1 分)；(3)绘出装配示意图(1 分)；(4)测绘零件、画零件草图(1 分)；(5)画装配图(1 分)。

3. 答：圆锥体的展开一般常用放射线法(5 分)。

4. 答：适用于棱柱体和圆柱体的展开方法是平行线法(5 分)。

5. 答：基本偏差为一定的轴的公差带(2 分)，与不同基本偏差的孔的公差带(2 分)形成各种配合(1 分)的一种制度称为基轴制。

6. 答：配合可分为间隙配合(1.5 分)、过渡配合(1.5 分)和过盈配合(1.5 分)三类。(全部答对得 5 分)

7. 答：孔的尺寸总是大于轴的尺寸(1 分)，产生间隙，使轴能在孔内自由转动或滑动(2 分)，这种配合称为间隙配合。间隙配合的特点是：孔的实际尺寸减去轴的实际尺寸总是得正值或零(2 分)。

8. 答：金属材料的机械性能是指金属在外力的作用下(2 分)所表现出来的抵抗能力(3 分)。

9. 答：金属材料抵抗比它更硬的物质压入的能力称为金属的硬度(2 分)。金属的硬度主要有布氏硬度和洛氏硬度两种(2 分)，分别用 HB 和 HRC 表示(1 分)。

10. 答：材料的屈强比是指材料的屈服极限与强度极限的比值(2 分)。

即：材料的屈强比 $=\sigma_s/\sigma_b$

σ_s——材料的屈服极限(N/mm^2)；

σ_b——材料的强度极限(N/mm^2)。(3 分)

11. 答:金属探伤系统是由主机控制(1 分)、发射电路(1 分)、信号调理电路(1 分)、探头(1 分)、上位机显示(1 分)等部分组成的。

12. 答:电器控制中按照按钮的用途和触头形状可以分为三类(2 分),分别是:(1)常开起动按钮(1 分);(2)常闭的停止按钮(1 分);(3)复合按钮(1 分)。

13. 答:桥式起重机的特点是:它既不占据地面作业面积(1 分),又不妨碍地面上的作业(1 分),可以在起升高度和大小车轨道所允许的空间内担负任意位置的吊运工作(3 分)。

14. 答:齿轮常见的失效形式有:(1)齿面磨损(1 分);(2)轮齿折断(1 分);(3)轮齿塑性变形(1 分);(4)齿面点蚀(1 分);(5)齿面胶合(1 分)。

15. 答:V 带传动的优点有:

(1)传动带与带轮槽的接触面摩擦力大,传动功率大,效率高(2 分);

(2)两传动轴中心距小,结构尺寸紧凑,重量轻(2 分);

(3)传动可靠、稳定、传动带使用寿命高(1 分)。

16. 答:V 带传动的缺点有:

(1)安装和拆卸比平带传动稍有不便(2 分);

(2)不适用于交叉传动和拨叉移动传动(3 分)。

17. 答:气压传动的工作原理是:利用空压机将电机输出的机械能转换为空气的压力能(2 分),在控制元件的作用下,通过执行元件把压力能转化为机械能(2 分),并对外做功(1 分)。

18. 答:压力机的精度是指压力机在设计时保证足够的刚度以后(2 分),其零部件在加工与装配中所应达到的技术指标(3 分)。

19. 答:提高冲压制品精度的措施有:(1)选择合理的间隙(1 分);(2)保证凸凹模加工精度(1 分);(3)选择弹性变形小的材料(1 分);(4)保证压力机的精度和模具制造精度(1 分);(5)冲裁件尺寸要合理(1 分)。

20. 答:螺纹连接具有结构简单(1 分)、连接可靠(1 分)、装卸方便(1 分)和易于大量生产(1 分)等优点,应用非常广泛(1 分)。

21. 答:压力机安全起动装置的作用是:当操作工人的肢体进行危险区时,压力机的离合器不能合上(或使滑块不能下行)(3 分)。只有当操作工人完全退出危险区后,压力机才能起动工作(2 分)。

22. 答:气动控制具有动作迅速(1 分)、反应灵敏(1 分)、维护简单(1 分)、使用安全(1 分)和易于集中或远距离控制(1 分)等优点。

23. 答:(1)主机部分:上横梁,下横梁,左右立柱,顶出缸,主缸(2 分);

(2)辅助部分:泵阀,电器,油箱,管路(2 分);

(3)控制台:压力表,操作按钮,操作手柄(1 分)。

24. 答:液压机按动作方式可以分为以下几种:

(1)上压式液压机(1.5 分);

(2)下压式液压机(1.5 分);

(3)特种液压机(1.5 分)。(全部答对得满分)

25. 答:根据用途和工作特点液压控制阀可分为三大类,分别是:

(1)方向控制阀(1.5 分);

(2)压力控制阀(1.5 分);

(3)流量控制阀(1.5分)。(全部答对得满分)

26. 答:(1)试件长度为可剪板宽(1分);

(2)试件宽度为试件厚度的20倍,但不小于80 mm(2分);

(3)试件厚度为可剪板厚的一半(1分);

(4)试件的抗拉强度为小于等于450 MPa(1分)。

27. 答:辊式板料校平机具有校平精度好(1分),效率高(1分),适用范围广(1分),可单机或在线使用(2分)等特点。

28. 答:辊式板料校平机的参数包括工作辊距(1分)、工作辊径(1分)、辊数(1分)、辊身长度(1分)和校平速度(1分)。

29. 答:不对称三辊卷板机的主要特点是剩余直边小(1分),但坯料需调头弯边(1分),操作不方便(1分),辊筒受力较大(1分),弯卷能力较小结构较简单(1分)。

30. 答:立式卷板机一般适用于表面要求精度较高的工件(2分)、大直径、薄、窄而长的板料(2分)等有自重下榻工件的卷制(1分)。

31. 答:摇臂铣钻床常用于将成叠的板料铣切成带曲线边缘的坯料(2分);同时,也能铣切成形工件的边缘(1.5分)和内孔(1.5分)。

32. 答:离合器通常分为刚性离合器(2.5分)和摩擦离合器(2.5分)两大类。

33. 答:摩擦离合器和各种制动器的摩擦面应保持清洁,不得沾油(2分),同时应及时调整间隙,避免过量磨损(2分)。离合器换用新摩擦片(块)后,要适当减少单次行程次数(1分)。

34. 答:自动送料装置的种类有条(卷)料自动送进装置(1.5分)、辊式自动送进装置(1.5分)和单件半成品自动送进装置(1.5分)等几种。(全部答对得满分)

35. 答:气动夹钳式只适用于短节距送料,辊轴送料节距范围大(2分);用电—液步进电动机驱动的辊轴送料(1分),不仅节距范围大(1分),而且送料精度高,可达0.1 mm(1分)。

36. 答:辊式自动送进装置分为单边辊式(2.5分)和双边辊式(2分)两种。

37. 答:单工位夹钳式送料装置主要由夹钳(1分)、连杆(1分)、滑板(1分)、斜槽(1分)和推料部分(1分)等组成。

38. 答:曲柄压力机按曲柄形式可分为三种,分别是:

(1)曲拐轴式压力机(1.5分);

(2)曲轴式压力机(1.5分);

(3)偏心齿轮式压力机(1.5分)。(全部答对得满分)

39. 答:曲柄压力机主要由工作机构(1分)、传动机构(1分)、操纵系统(1分)、能源系统(1分)、支承部件和辅助系统(1分)组成。

40. 答:曲柄压力机上采用的制动器有三种,分别是:

(1)带式制动器(1.5分);

(2)闸瓦式制动器(1.5分);

(3)圆盘摩擦式制动器(1.5分)。(全部答对得满分)

41. 答:开式曲柄压力机(冲床)的是由机体(1分)、滑块(1分)、离合器(1分)、制动器(1分)、操纵装置和传动系统(1分)组成的。

42. 答:一般电动机可分为直流电动机(2.5分)和交流电动机(2.5分)两大类。

43. 答:(1)校平工序变形量都很小,而且都多为局部变形(1.5分);

(2)校平零件精度要求高,因此要求模具成形精度相应的要求提高(2分);

(3)校平时,都需要冲床滑块在下死点位置(1.5分)。

44. 答:钢板矫正机的基本工作原理主要是钢板在两排辊间受力(2分)并反复变形、消除应力(2分)以达到矫正的目的(1分)。

45. 答:变频器主要由整流(交流变直流)、滤波(1分)、逆变(直流变交流)(1分)、制动单元(1分)、驱动单元(1分)、检测单元微处理单元(1分)等组成。

46. 答:变压器的常见保护方式有:电流速断保护(1分)、过流保护(1分)、过负荷保护(1分)、轻瓦斯保护(1分)、重瓦斯保护(1分)、压力保护(1分)、差动保护(1分)、零序保护(1分)、高温保护(1分)、超高温保护(1分)等。(答对任意五条得满分)

47. 答:PLC具有通用性强(1分)、使用方便、适应面广(1分)、可靠性高(1分)、抗干扰能力强(1分)、编程简单(1分)等特点。

48. 答:(1)工作前的预检查(1分)(2)启动自诊断(1.5分)(3)在线诊断(1.5分)(4)离线诊断(1分)。

49. 答:即为二坐标联动(2分),第三轴做周期性的等距运动(3分)。

50. 答:润滑系统常见故障是油管碰扁或碰破(1分)、油管接头处漏油(1分)、油路堵塞使各润滑点得不到油或供油不足(1分)。应更换新油管(1分),新换油管应先用油枪灌满,否则也会使润滑点一时缺油(1分)。

51. 答:油泵最容易出现的故障是不出油(2分),原因是油孔被堵塞(2分)或油泵中有空气(1分)。

52. 答:油泵出现不出油故障时的解决方法是将油泵拆洗(2分)或将接头打开,再开动油泵,待排出空气后再接上接头(3分)。

53. 答:剪板机在产生踩闸不下刀故障时的消除方法是:调整离合器(2分)、调整拉杆和杠杆(2分)或更换轴套(1分)。

54. 答:(1)油泵过热(1.5分);

(2)不能升压(1分);

(3)升压缓慢(1分);

(4)工作液污染(1.5分)。

55. 答:材料在弯曲过程中,外层受拉伸,内层受挤压(2分),在其断面上必然会有一个既不受拉又不受压的过渡层(2分),压力几乎等于零(1分),这个过渡层称为材料的中性层。

56. 答:火束呈橙黄略带红色泽(1分),根部淡红,中部明亮,尾部橙红色(1分),流线稍多略细长(1分),爆花量少,一般为一次和二次爆花(1分),在流线尾部有明亮的枪尖,构成枪尖尾爆花(1分)。

57. 答:直接改变原材料(毛坯)的形状、尺寸(2分)和材料性能(1分),使之变成成品或半成品的过程(2分)称之为工艺过程。

58. 答:(1)以两个互相垂直的平面(或线)为基准(2分);(2)以两条中心线为基准(1.5分);(3)以一个平面和一条中心线为基准(1.5分)。

59. 答:按1∶1的比例(或一定的比例)(1分)在放样台上画出构件的轮廓(1分),准确地定出其尺寸(1分),作为制造样板(1分)、加工和装配的依据(1分),这一过程称为放样。

60. 答:钢丝绳的安全系数就是钢丝绳能够被拉断的最小拉力(1.5分)(即破断拉力)是允

许拉力的多少倍(1.5分),其倍数就是安全程度(2分),称为安全系数。

61. 答:百分表常见的固定方式有平台式表架固定(1.5分)、万能式表架固定(1.5分)、磁动式表架固定(1.5分)三种。(全部答对得满分)

62. 答:百分表要装夹牢固(1分),夹紧力适当(1分),并检查测杆是否灵活(1分);夹紧后,不可再转动百分表(2分)。

63. 答:百分表的工作原理是将测杆的直线位移(2分)经过齿条、齿轮传动(1分),转变为指针的角位移(2分)。

64. 答:设备点检是在全员维修思想的指导下(2分),按照“五定”的方法(1分)对设备实施全面的管理(2分)。

65. 答:(1)用视、听、触、嗅、味觉为基本方法的“五感点检法”(2分);

(2)用简单仪器、工具进行测量(1.5分);

(3)用专用仪器进行精密点检测量(1.5分)。

66. 答:标准化—在经济、技术、科学及管理等社会实践中(1分),对重复性事物和概念(1分),通过制定、发布和实施标准达到统一(2分),以获得最佳秩序和社会效益(1分)。

67. 答:(1)革新观念,树立精益意识(1.5分);

(2)加强对精益思维的学习和研究(2分);

(3)推行精益管理模式应循序渐进(1.5分)。

68. 答:(1)自主管理(0.5分);(2)焦点改善(0.5分);(3)计划保全(1分);(4)初期管理(0.5分);(5)教育训练(0.5分);(6)品质保全(1分);(7)事务效率(0.5分);(8)安全环境(0.5分)。

69. 答:(1)明显的自主性(1分);

(2)广泛的群众性(1.5分);

(3)高度的民主性(1.5分);

(4)严密的科学性(1分)。

70. 答:ERP是指在对企业的多种资源(1分)进行计划和实现物流、资金流、信息流统一(3分)的操作平台和管理信息系统(1分)。

六、综 合 题

1. 答:通过看装配图使我们了解:(1)装配体的名称、规格、性能、功用和工作原理(3分);(2)了解其组成零件的相互位置,装配关系及传动路线(3分);(3)每个零件的作用及主要零件的结构形状以及使用方法,拆装顺序等(4分)。

2. 答:装配图画图的步骤主要分为四步:(1)选比例、定图幅、布图(2分);(2)按装配关系依次绘制主要零件的投影(2分);(3)绘制部件中的连接、密封等装置的投影(3分);(4)标注必要的尺寸、编写序号、填写明细表和标题栏,编写必要的技术要求(3分)。

3. 答(1)能保证较精确的传动比(和皮带传动相比较)(2分);

(2)可以在两轴中心距较远的情况下传递动力(与齿轮传动相比)(3分);

(3)只能用于平行轴间传动(2分);

(4)链条磨损后,链节变长,容易产生脱链现象(3分)。

4. 答:液压系统利用液压泵将原动机的机械能转换为液体的压力能(2分),通过液体压力能的变化来传递能量(2分),经过各种控制阀和管路的传递(2分),借助于液压执行元件(液压缸或马达)把液体压力能转换为机械能(2 分),从而驱动工作机构,实现直线往复运动和回转运动(2 分)。

5. 答:(1)工作台面的平面度(1.5 分);(2)滑块下平面的平面度(1.5 分);(3)滑块导轨同床身的间隙(1.5 分);(4)工作台面同滑块下平面的平行度(1.5 分);(5)工作台面同滑块行程的垂直度(1.5 分);(6)滑块中心孔与滑块行程的平行度(1.5 分);(7)飞轮转时的跳动(1 分)。

6. 答:(1)被开卷料板材厚度(毫米)(2 分);

(2)被开卷料板材宽度(毫米)(2 分);

(3)被开卷料板材重量(毫米)(2 分);

(4)被开卷料板材的最大直径(毫米)(2 分);

(5)开卷机的转速(转/分)或被开卷料的线速度(米/分)(2 分)。

7. 答:(1)当低速运动时,载荷需要的流量小于液压泵流量,液压泵多余的流量储入蓄能器(3 分),当载荷要求流量大于液压泵流量时,液体从蓄能器放出来,以补充液压泵流量之不足(3 分)。(2)当停机但仍需维持一定压力时,可以停止液压泵而由蓄能器补偿系统的泄漏,以保持系统的压力(4 分)。

8. 答:(1)容易获得最大压力(2 分);

(2)容易获得很大的工作行程(2 分);

(3)容易获得大的工作空间(2 分);

(4)压力与速度可以进行无级调节(2 分);

(5)液压元件标准化(2 分)。

9. 答:液压机在工业生产中的应用非常广泛(2 分),尤其在锻造、冲压生产中的应用已有悠久的历史(2 分),对于大件热锻、大件拉深更显其优越性(2 分),随着塑料工业的迅速发展,在塑料成形加工中也占有很重要的位置(2 分),是加工热固性塑料、橡胶制品以及四氟乙烯冷坯等的主要压制成形机械(2 分)。

10. 答:(1)标称压力(最大总压力)(1 分);

(2)工作液压力(1 分);

(3)最大回程力(1 分);

(4)最大净空距(开口高度)(1 分);

(5)最大行程(1 分);

(6)工作台尺寸(1 分);

(7)活动横梁运动速度(滑块速度)(1.5 分);

(8)允许最大偏心距(1 分);

(9)顶出器标称压力及行程(1.5 分)。

11. 答:该剪板机主要由电动机、三角皮带轮、齿轮及其传动轴、床身、刀架、离合器、制动器、压料器和挡料器等组成(2 分),其几何尺寸为 4 100 mm×2 930 mm×3 012 mm,床身由左、右立柱,横梁,方筒,工作台及工作台座,滑料板,下横梁,挡块等组成(3 分),二立柱用钢板焊成箱形结构,各部分用螺栓、销钉连接成整体(1 分)。Q11-20×2 500 型剪板机用作冷剪板料(2 分)。当被剪板料的极限强度≤480 MPa 时,可剪最大板厚为 20 mm,板宽为 2 500 mm 的板料(2 分)。

12. 答:床身是剪板机的主体部件,剪板机的其他部件都连接固定在床身上(2 分),床身一般是由铸钢或铸铁铸成的,也有的是用钢板焊接而成的(2 分)。用钢板焊接的床身,其重量轻,刚性好(3 分)。床身必须安装平稳,牢固可靠,一般要用横梁及撑板连接,以增加其稳定性(3 分)。

13. 答:摇臂铣钻床的机座为一圆柱,在圆柱上端装有两个可转动的活动摇臂,摇臂分两段并能旋转 360°(3 分),在一个摇臂的末端装有铣切机头,另一个摇臂装有钻孔机头,铣切及钻孔同时交替进行,使板料分离(3 分)。摇臂式铣钻床一般应用在飞机及汽车制造厂的板料备料工作中(2 分),特点是生产率高、劳动强度低(2 分)。

14. 答:曲柄压力机的工作原理是依靠电动机提供动力,通过飞轮驱动曲轴旋转(2 分)。曲轴轴心线与其上的曲柄轴心线有一个偏心距,连杆是连接曲柄和滑块的零件,组成曲柄—连杆机构(3 分)。曲柄压力机就是通过曲柄—连杆机构增力和改变运动形式,将旋转运动变成往复直线运动(3 分),并且利用飞轮来储存和释放能量,使曲柄冲压机产生大的工作压力来完成冲压作业(2 分)。

15. 答:(1)开卷机通常由动力、主机和电器控制等部分组成(3 分);(2)利用多辊工作原理,使板料在上、下校平辊之间反复变形,消除应力,达到校平的目的(3 分);(3)通过控制系统将校平、剪切、垛料等连成性能完备的生产线(2 分);(4)对金属卷材进行整平、分切、码料,以投入下道工序(2 分)。

16. 答:数控机床的加工,是把刀具与工件的运动坐标分割成一些最小的单位(3 分),即最小位移量(2 分),由数控系统按照程序的要求使坐标移动若干个最小位移量(3 分),从而实现刀具与工件的相对运动完成对工件的加工(2 分)。

17. 答:制定工艺规程时应注意以下三方面的问题:

(1)技术上的先进性(1 分),在制定工艺规程时,要了解国内外本行业工艺技术的发展,从本厂的实际条件出发,充分利用现有设备,挖掘企业潜力,结合具体生产条件,通过必要的工艺试验,采用先进的工艺和工艺装备(3 分)。

(2)经济上的合理性(1 分),在一定的生产条件下,可能会出现多个能保证工件技术要求的工艺方案,此时应全面考虑,通过核算,对比,选择经济上最合理的方案(2 分)。

(3)有良好的劳动条件(1 分),对所编制的工艺规程,必须具有良好而安全的劳动条件,因此,应注意采用机械化和自动化操作,减轻繁重的体力劳动(2 分)。

18. 答:在编制工艺规程时,必须具备下列原始资料:

(1)产品的整套装配图和零件的工作图(2 分);

(2)产品验收的质量标准(2 分);

(3)产品的生产纲领(年产量)和生产类型(2 分);

(4)毛坯的生产情况(1 分);

(5)本厂的生产条件(1 分);

(6)国内外生产技术的发展情况(2 分)。

19. 答:编制工艺规程的步骤如下:

(1)分析研究产品的装配图和零件的工作图(1.5 分);

(2)拟定工艺路线,选择定位基准(1 分);

(3)确定各工序所采用的设备(1 分);

(4)确定各工序所采用的工装模具、工卡量具及辅助工具(1.5 分);

(5)确定各主要工序的技术要求及检验方法(1.5 分);

(6)确定各工序的加工余量,计算工序尺寸和公差(1.5 分);

(7)确定工时定额(1 分);

(8)填写工艺文件(1 分)。

20. 答:速度和温度对热塑性塑料的剪切面有很大影响,这是因为塑料熔点低(2 分)。当材料温度在 20 ℃～80 ℃范围内时,剪切速度在 0.5 m/min～1.9 m/min 之间有一个使断离形态发生变化的临界速度(2 分),在该临界速度以下,是按拉伸断离(2 分);在该临界速度以上,是按裂纹的穿透而断离(2 分)。一般说来,高速冲裁能得到极佳的断面(2 分)。

21. 答:剪切过程和剪切断面根据材料种类不同,热塑性塑料的剪切分离状况也不一样(2 分)。在常温下,用较低速度的压力机冲裁 3 种不同的材料,出现 3 种不同的分离状况(2 分)。聚丙烯一类是由于拉力切断,而聚氯乙烯是由于裂纹贯通切断,这两种切断方式都与金属剪切相似(3 分);聚碳酸酯是由裂纹长大和二次剪切来进行分离,与用小间隙剪切金属相似(3 分)。

22. 解:$L=a+b+c+\pi(R+xt)$(4 分)$=45+38+45+3.14(6+0.36\times4)-151.36$ (mm)(4 分)

答:零件的展开尺寸是 151.36 mm(2 分)。

23. 解:$L=L_1+L_2+L_3+L_4+L_5+L_6+L_7+6xt-t$(4 分)

$=15+25+6+30+8+10+18+0.25\times6\times2.5-2.5$

$=112+3.75-2.5$

$=113.25$ (mm)(4 分)

答:毛料展开长度为 115.75 mm(2 分)。

24. 解:$L=AB+CD+BD$(1.5 分)

$AB=AE-BE$(1 分)

$=50-(R+t)\tan60°$

$-50-(10+5)\tan60°$

$=24.02$ (mm)(1 分)

$CD=CE\quad DE$(1 分)

$=38-(R+t)\tan60°$

$=38-(10+5)\tan60°$

$=12.02$ (mm)(1 分)

$\overset{\frown}{BD}=(\pi-\pi/3)(R+xt)$(1.5 分)

$=2\times3.14/3\times(10+0.38\times5)$

$=24.91$ (mm)(1 分)

$L=24.02+12.02+24.91$

$=60.95$ (mm)(1 分)

答:毛料展开长度为 60.95 mm。(1 分)

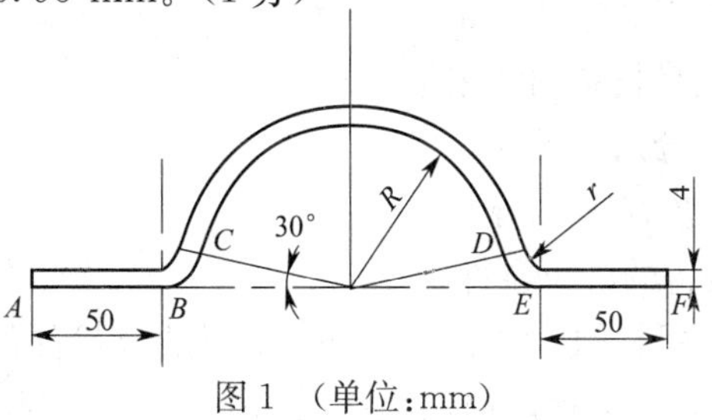

图 1 (单位:mm)

25. 解:将工件从左到右分为五段

$AB=EF=50$ mm(1 分)

弧长 $BC=DE=\pi(r+x_0t)\alpha/180°=3.14\times(15+0.5\times4)\times60°/180°\approx17.79$(mm)(3 分)

弧长 $CD=\pi(r+x_0t)\alpha/180°=3.14\times(60+0.5\times4)\times120°/180°\approx129.79$(mm)(3 分)

$L=2AB+2BC+CD=2\times50+2\times17.79+129.79=265.37\approx265$(mm)(2 分)

答:弯形前的毛坯长度为 265 mm。(1 分)

26. 解:(1)将工件图形分成 L_1,L_2,L_3 三直线段和 A_1,A_2 两弧线段图形(图 2),并分别计算其长度,相加即可求出该工件的展开长度(2 分)。

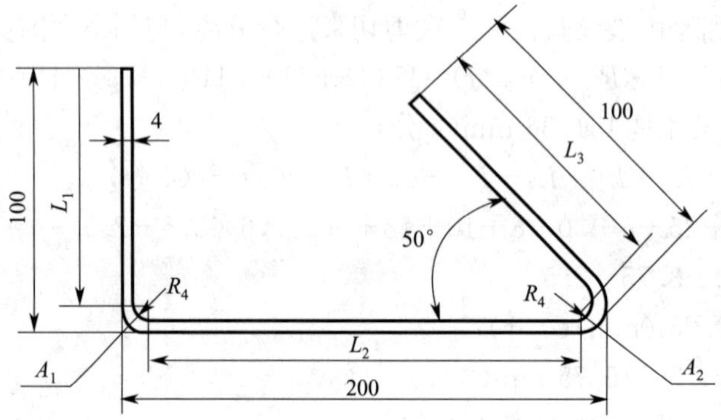

图 2 (单位:mm)

(2)圆弧段长度计算式为 $A=\pi(r+s/2)\alpha/180°$

式中 A——圆弧段中间层长度(mm);

R——弯曲内层半径(mm);

s——工件板厚(mm);

α——与圆弧相对的圆心角(°)。(1 分)

(3)工件各部分长度计算

$L_1=100-(r+s)=100-(4+4)=92$(mm)(1 分)

$L_2=2-2(r+s)=200-2(4+4)=184$(mm)(1 分)

$L_3=100-(r+s)=100-(4+4)=92$(mm)(1 分)

$A_1=3.14(4+4/2)\times90°/180°=9.42$(mm)(1 分)

$A_2=3.14(4+4/2)\times(180°-50°)/180°=13.61$(mm)(1 分)

$L=L_1+L_2+L_3+A_1+A_2=92+184+92+9.42+13.61=391.03\approx391$(mm)(1 分)

答:工件毛坯料的展开尺寸为 391 mm。(1 分)

27. 答:(1)充分考虑提高材料的利用率(3 分);

(2)保证工件的质量(2 分);

(3)考虑采用的加工工艺方法(2 分);

(4)考虑加工设备和装备的许可条件(3 分)。

28. 答:目前由于生产及科学技术的不断发展,板料的剪裁及备料工作已经向电子化及激光备料方向发展(5 分),新的电子程序控制机床及激光穿孔等新技术将会很快应用到板料剪切工艺中(5 分)。

29. 答:正确选择划线基准的基本原则和方法是:

(1)划线基准尽可能与工件施工图样中的设计基准一致(2 分)。

(2)平面划线应有纵、横两个方向的划线基准,立体划线必须有长、宽、高三个方向的划线基准(3 分)。

(3)选择划线基准要根据工件毛坯形状特点而定,有轴、孔尺寸要求的毛坯件,要以孔、轴、凸起或毂面的轴心线为基准。平面则应选工件较平整的大平面作为划线基准(3 分)。

(4)半成品加工件,划线时应以已加工的轴、孔或平面作为划线基准(2 分)。

30. 答:线电极与脉冲电源的负极相接(2 分),工件与脉冲电源的正极相接(2 分),利用线电极与工件在液体介质中产生的火花放电而腐蚀工件(3 分),同时使工件按照所需的形状移动,这样便能将一定形状的工件切割出来(3 分)。

31. 答:为了防止液压缸的活塞在行程终端位置时,活塞与端盖相撞而产生冲击和噪声(2 分),造成液压缸部分零件损坏(1 分),配管破裂(1 分),控制阀失灵(1 分),甚至造成设备和人身事故(1 分)。因此液压缸在行程终端位置设置缓冲装置(1 分),即活塞尚未达到行程终端位置时,使回油阻力增大(1 分),从而减缓了活塞移动的速度,以达到避免撞击端盖的目的(2 分)。

32. 答:起重钢丝绳的特点是强度高和韧性大(1 分),卷绕性好(1 分),自重轻(1 分),承载能力大(1 分),高速运行时噪声小(1 分),承受冲击载荷能力强(1 分),工作时平稳不易变形(1 分)。发生破坏时各绳股钢丝的断裂是逐渐进行的,一般很少发生整根钢丝绳断裂(1 分)。钢丝绳自由端不会发生扭转,在卷筒上接触面较大,抗压强度高,总破断力大,使用寿命较长(2 分)。

33. 解:48.245－1.005＝47.24(第一块尺寸)(2 分)

47.24　1.24＝46(第二块尺寸)(2 分)

46－6(第三块尺寸)(2 分)＝40(第四块尺寸)(2 分)

答:选用 1.005 mm、1.24 mm、6 mm、40 mm 共 4 块(2 分)。

34. 答:(1)数据的来源唯一,避免了重复输入和其他人为因素带来的误差(3 分);

(2)数据及数据处理的结果可以由所有授权人员实时共享(3 分);

(3)系统中的信息可以通过数据库技术,由授权管理人员根据实际需要进行多路径查询(4 分)。

35. 答:企业资源计划系统 ERP 引用当今国际上最先进的企业管理模式和理念(3 分),主要宗旨就是:将企业各方面包括人、财、物、产、供、销等在内的资源充分调配和平衡(4 分),使企业在激烈的市场竞争中全方位地发挥充分的能力从而取得最好的经济效益(3 分)。

剪切工(初级工)技能操作考核框架

一、框架说明

1. 依据《国家职业标准》注,以及中国北车确定的“岗位个性服从于职业共性”的原则,提出剪切工(初级工)技能操作考核框架(以下简称:技能考核框架)。

2. 本职业等级技能操作考核评分采用百分制。即:满分为 100 分,60 分为及格,低于 60 分为不及格。

3. 实施“技能考核框架”时,考核制件(活动)命题可以选用本企业的加工件(活动项目),也可以结合实际另外组织命题。

4. 实施“技能考核框架”时,考核的时间和场地条件等应依据《国家职业标准》,并结合企业实际确定。

5. 实施“技能考核框架”时,其“职业功能”的分类按以下要求确定:

(1)按照《国家职业标准》有关技能操作工作要求和鉴定比重要求,本职业等级技能操作考核时,应从“板料剪切”及“卷料开卷”二者中任选其一进行考核。

(2)对应“板料剪切”及“卷料开卷”,“加工操作”属于本职业等级技能操作的核心职业活动,其“项目代码”为“E”。

(3)对应“板料剪切”及“卷料开卷”,“加工准备”、“工后处理”属于本职业等级技能操作的辅助性活动,其“项目代码”分别为“D”和“F”。

6. 实施“技能考核框架”时,其“鉴定项目”和“选考数量”按以下要求确定:

(1)按照《国家职业标准》有关技能操作鉴定比重的要求,本职业等级技能操作考核制件的“鉴定项目”应按“D”+“E”+“F”组合,其考核配分比例相应为:“板料剪切”中“D”占 15 分,“E”占 70 分,“F”占 15 分;“卷料开卷”中“D”占 15 分,“E”占 70 分,“F”占 15 分。

(2)依据中国北车确定的“核心职业活动选取 2/3,并向上取整”的规定,在“板料剪切”中的“E”类鉴定项目——“加工操作”的全部 2 项中,至少选取 2 项;在“卷料开卷”中的“E”类鉴定项目——“加工操作”的全部 2 项中,至少选取 2 项。

(3)依据中国北车确定的“其余‘鉴定项目’的数量可以任选”的规定,在“板料剪切”中的“D”和“F”类鉴定项目——“加工准备”、“工后处理”中,至少分别选取 1 项;在“卷料开卷”中的“D”和“F”类鉴定项目——“加工准备”、“工后处理”中,至少分别选取 1 项。

(4)依据中国北车确定的“确定‘选考数量’时,所涉及‘鉴定要素’的数量占比,应不低于对应‘鉴定项目’范围内‘鉴定要素’总数的 60%,并向上取整”的规定,考核制件的鉴定要素“选考数量”应按以下要求确定:

①在板料剪切和卷料开卷“D”类“鉴定项目”中,在已选定的至少 1 个鉴定项目中,至少选取已选鉴定项目所对应的全部鉴定要素的 60%项,并向上保留整数。

②在板料剪切和卷料开卷“E”类“鉴定项目”中,在已选定的 2 个鉴定项目所包含的全部

鉴定要素中,至少选取总数的60%项,并向上保留整数。

③在板料剪切和卷料开卷"F"类"鉴定项目"中,在已选定的至少1个鉴定项目中,至少选取已选鉴定项目所对应的全部鉴定要素的60%项,并向上保留整数。

举例分析:

按照上述"第5条"、"第6条"要求,若技能操作考核时,选取"板料剪切"进行考核,命题时按最少数量选取,即:在"板料剪切"中的"D"类鉴定项目选取了"读图"1项,在"E"类鉴定项目中选取了"切刀间隙调整和测量"、"工件制造"2项,在"F"类鉴定项目中选取了"设备维护与保养"1项,则:

此考核制件所涉及的"鉴定项目"总数为4项,具体包括:"读图","切刀间隙调整和测量"、"工件制造","设备维护与保养";

此考核制件所涉及的鉴定要素"选考数量"相应为13项,具体包括:"读图"鉴定项目包含的全部4个鉴定要素中的3项,"切刀间隙调整和测量"、"工件制造"2个鉴定项目包含的全部12个鉴定要素中的8项,"设备维护与保养"鉴定项目包含的全部2个鉴定要素中的2项。

7. 本职业等级技能操作需要两人及以上共同作业的,可由鉴定组织机构根据"必要、辅助"的原则,结合实际情况确定协助人员的数量。在整个操作过程中,协助人员只能起必要、简单的辅助作用。否则,每违反一次,至少扣减应考者的技能考核总成绩10分,直至取消其考试资格。

8. 实施"技能考核框架"时,应同时对应考者在质量、安全、工艺纪律、文明生产等方面行为进行考核。对于在技能操作考核过程中出现的违章作业现象,每违反一项(次)至少扣减技能考核总成绩10分,直至取消其考试资格。

注:按照中国北车规定,各《职业技能操作考核框架》的编制依据现行的《国家职业标准》或现行的《行业职业标准》或现行的《中国北车职业标准》的顺序执行。

二、剪切工(初级工)技能操作鉴定要素细目表

(一)板料剪切

职业功能	鉴定项目				鉴定要素		
	项目代码	名称	鉴定比重(%)	选考方式	要素代码	名称	重要程度
加工准备	D	读图	15	任选	001	能读懂工艺卡片的下料尺寸	X
					002	能读懂冷冲压排样工艺卡片下料尺寸	X
					003	能读懂工艺卡片板材牌号、材质、数量、厚度、工艺要求	X
					004	能进行常用单位的换算	Y
		工艺准备			001	能读懂ERP提供的订单信息	X
					002	能对上工序来料尺寸进行测量	X
					003	能读懂下料图样及平面零件排样的工艺规程	X
					004	能根据板材材质料厚确定剪切搭边量和切刀间隙	X
					005	能确定剪板机的加工范围和加工能力	X
					006	能进行板材质量计算	Y
					007	能读懂剪机设备铭牌上的参数	X

续上表

职业功能	鉴定项目				鉴定要素		
	项目代码	名称	鉴定比重(%)	选考方式	要素代码	名　称	重要程度
加工操作	E	切刀间隙调整和测量	5	必选	001	能用塞尺测量剪板机的切刀间隙	X
					002	能根据板材材质、料厚调整切刀间隙	X
					003	能说出塞尺的使用方法	Y
					004	能说出塞尺的保养方法	Y
		工件制造	65		001	能识别板料轧制纤维方向	X
					002	能根据图样尺寸调整剪板机定位装置，并将工件定位	X
					003	能根据板材外形尺寸、轧制方向确定剪切顺序，并进行套裁下料	X
					004	能剪切宽度尺寸公差等级不低于IT17的条料	X
					005	能以剪切边为基准，完成矩形零件的剪切，并达到以下要求： (1)外形尺寸公差等级IT17 (2)对角线尺寸公差等级IT15	X
					006	能使用吊具并指挥起重设备吊装板料	X
					007	能避免不锈钢、铝合金剪切过程产生划伤、油污	X
					008	能正确填写物流标记	X
工后处理	F	设备维护与保养	15	任选	001	能进行剪板机润滑及常规维护保养	X
					002	能调整送料装置、安全防护装置	X
		工件检测			001	能使用游标卡尺、卡卷尺、钢直尺测量工件长度	X
					002	能使用钢直尺、卡卷尺、钢卷尺测量工件对角线	X
					003	能使用90°角尺测量工件直角	X
					004	能使用游标卡尺测量板厚及毛刺高度	X
					005	能识别常用板材表面质量缺陷	X

注：重要程度中X表示核心要素，Y表示一般要素，Z表示辅助要素。下同。

(二)卷料开卷

职业功能	鉴定项目				鉴定要素		
	项目代码	名称	鉴定比重(%)	选考方式	要素代码	名　称	重要程度
加工准备	D	读图	15	任选	001	能读懂下料图样的工作图	X
					002	能读懂板材牌号、材质、规格及精度等级的标注	X
		工艺准备			001	能读懂下料图样的工艺规程	X
					002	能读懂ERP提供的订单信息	X
					003	能按劳动保护的要求着装	X
					004	能正确、整洁摆放工具	X
					005	能根据板材材质料厚确定剪切搭边量和切刀间隙	X

续上表

职业功能	鉴定项目				鉴定要素		
	项目代码	名称	鉴定比重(%)	选考方式	要素代码	名　　称	重要程度
加工准备	D	工艺准备		任选	006	能确定机床校平、剪切加工能力	X
					007	能进行板材质量计算	X
加工操作	E	校辊、切刀间隙调整和测量	5	必选	001	能根据板材材质、料厚调整校棍间隙	X
					002	能根据板材材质、料厚调整切刀间隙	X
					003	能使用塞尺测量剪板机切刀间隙	X
		工件制造	65		001	能打开卷料包装	X
					002	能使用吊具并指挥起重设备按卷料旋向进行吊装	X
					003	能将料头插入校平辊	X
					004	能根据开卷状态调整校平机校辊的间隙	X
					005	能根据下料宽度对纵剪机进行对刀	Y
					006	能根据尺寸精度要求，调整剪板机定位装置	X
					007	能使用校平机、剪板机对料厚 6 mm 以下钢板进行校平、剪切、长度达到定尺要求	X
					008	能正确填写物流标记	Y
工后处理	F	设备维护与保养	15	任选	001	能进行普通校平机、(横、纵、移动)剪板机的润滑及常规维护保养	X
					002	能调整送料装置、安全防护装置	X
		工件检测			001	能使用卡卷尺、钢直尺、钢卷尺测量工件长度	X
					002	能使用卡卷尺、钢直尺、钢卷尺测量工件对角线	X
					003	能使用游标卡尺测量料厚和毛刺高度	X
					004	能识别常用板材表面质量缺陷	X

剪切工(初级工)技能操作考核样题与分析

职业名称：____________

考核等级：____________

存档编号：____________

考核站名称：____________

鉴定责任人：____________

命题责任人：____________

主管负责人：____________

中国北车股份有限公司劳动工资部制

职业技能鉴定技能操作考核制件图示或内容

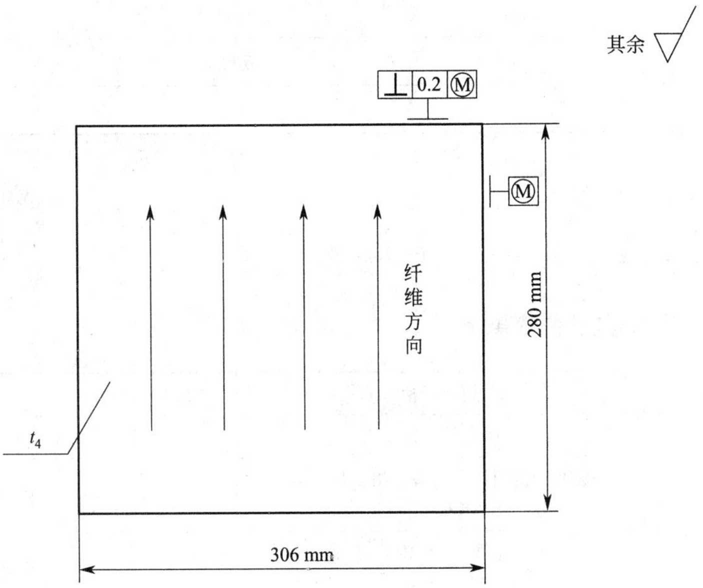

技术要求：
1. 根据剪切工《国家职业标准》制定；
2. 按照图中所画出的板料纤维方向在板料上画出纤维方向；
3. 根据板材尺寸及纤维方向，确定剪切顺序。

考试规则：
1. 每违反一次工艺纪律、安全操作、劳动保护、文明生产等扣除 10 分。
2. 有重大安全事故、考试作弊者取消其考试资格。

职业名称	剪切工
考核等级	初级工
试题名称	扣板剪切
材质等信息	Q235-A

职业技能鉴定技能操作考核准备单

职业名称	剪切工
考核等级	初级工
试题名称	扣板剪切

一、材料准备

材料规格：满足考核制件要求即可，尺寸如上图所示。

二、设备、工、量、卡具准备清单

序号	名称	规　格	数量	备　注
1	设备	由考核者确定	1	
2	工具	根据考核图样和设备规格及加工方法，由被考核者自行准备		由考核者自备
3	量具	钢卷尺、游标卡尺、钢板尺、直角尺、塞尺等		由考核者自备
4	石笔			由考核者自备

三、考场准备

1. 相应的公用设备、设备与器具的润滑与冷却等；
2. 相应的场地及安全防范措施；
3. 其他准备。

四、考核内容及要求

1. 考核内容（按考核制件图示及要求制作）
2. 考核时限：180 min
3. 考试过程中出现违反质量、安全、工艺纪律、文明生产等现象，每违反一项（次）至少扣减技能考核总成绩10分，直到取消其考试资格。
4. 考核评分（表）

职业名称	剪切工		考核等级	初级工	
试题名称	扣板剪切		考核时限	180 min	
鉴定项目	考核内容	配分	评分标准	扣分说明	得分
读图	根据图纸要求写出工件的下料尺寸	2	尺寸书写错误扣2分		
	根据图纸工件材质要求正确的选择加工板材	1	选择错误一项扣1分		
	根据图纸工件厚度要求正确的选择加工板材	1	选择错误一项扣1分		
	将图纸中的毫米换算成米	1	换算错误扣1分		

续上表

鉴定项目	考核内容	配分	评分标准	扣分说明	得分
工艺准备	正确的选择量具对来料尺寸进行测量	0.5	选择错误扣 0.5 分		
	测量来料的长度、宽度、厚度	1.5	测量内容每项扣 0.5 分		
	根据板材厚度说出切刀搭边量与板厚的关系	2	叙述错误扣 2 分		
	根据板厚说出切刀间隙与板厚的关系	2	叙述错误扣 2 分		
	根据加工材质不同叙述考核所用剪板机的加工能力	2	每项扣 0.5 分,最多扣 2 分		
	写出计算板材质量的计算公式	1	计算公式写错扣 1 分		
	根据图纸工件尺寸及材质计算工件的质量	1	计算错误扣 1 分		
切刀间隙调整与测量	用塞尺测量剪板机的切刀间隙(选取四点)	2	每处测量错误扣 0.5 分		
	根据板厚调整剪切间隙(按照四种不同厚度调整)	2	每种调整错误扣 0.5 分		
	熟悉塞尺的使用方法	1	叙述错误扣 1 分		
工件制造	在板料上标出轧制纤维方向	5	标示错误扣 5 分		
	根据剪切尺寸调整定位档	10	调整错误扣 10 分		
	根据图纸要求,确定板料剪切顺序,并剪切下料	10	剪切顺序确定错误扣 10 分		
	剪切毛刺高度≤1 mm	6	每超差 0.5 mm 扣 3 分最多扣 6 分		
	尺寸 306 满足图纸要求,尺寸 280 满足公差等级 IT17 要求	18	每超差 1 mm 扣 2 分,最多扣 15 分		
	正确选择定位基准	5	选择错误扣 5 分		
	对角线公差满足公差等级 IT15 要求	6	每超差 0.5 mm 扣 3 分最多扣 6 分		
	按照企业自身要求填写物流标记	5	每项扣 1 分,最多扣 5 分		
设备维护与保养	对剪板机的润滑部位进行润滑	3	错误一项扣 1 分,最多扣 3 分		
	清理设备及周边场地	2	清理不合格扣 2 分		
工件检测	正确使用卡卷尺测量工件长度	2	使用不正确扣 2 分		
	正确选择基准边测量工件直角	2	基准边选择错误扣 2 分		
	正确测量板材的厚度	1.5	测量部正确扣 1.5 分		
	正确测量毛刺高度	1.5	测量部正确扣 1.5 分		
	说出剪板机剪切板料时出现的质量缺陷	3	每项扣 1 分,最多扣 3 分		
质量、安全、工艺纪律、文明生产等综合考核项目	考核时限	不限	超时停止操作		
	工艺纪律	不限	依据企业有关工艺纪律管理规定执行,每违反一次扣 10 分		
	劳动保护	不限	依据企业有关劳动保护管理规定执行,每违反一次扣 10 分		
	文明生产	不限	依据企业有关文明生产管理规定执行,每违反一次扣 10 分		
	安全生产	不限	依据企业有关安全生产管理规定执行,每违反一次扣 10 分,有重大安全事故,取消成绩		

职业技能鉴定技能考核制件(内容)分析

职业名称	剪切工
考核等级	初级工
试题名称	扣板剪切
职业标准依据	国家职业标准

试题中鉴定项目及鉴定要素的分析与确定

鉴定项目分类 分析事项	基本技能“D”	专业技能“E”	相关技能“F”	合计	数量与占比说明
鉴定项目总数	2	2	2	6	核心职业活动占比大于2/3
选取的鉴定项目数量	2	2	2	6	
选取的鉴定项目数量占比(%)	100	100	100	100	
对应选取鉴定项目所包含的鉴定要素总数	11	12	7	30	鉴定要素数量占比大于60%
选取的鉴定要素数量	7	8	5	20	
选取的鉴定要素数量占比(%)	64	66.7	71.4	67	

所选取鉴定项目及相应鉴定要素分解与说明

鉴定项目类别	鉴定项目名称	国家职业标准规定比重(%)	《框架》中鉴定要素名称	本命题中具体鉴定要素分解	配分	评分标准	考核难点说明
“D”	读图	15	能读懂冷冲压排样工艺卡片下料尺寸	根据图纸要求写出工件的下料尺寸	2	尺寸书写错误扣2分	
			能读懂工艺卡片板材牌号、材质、数量、厚度、工艺要求	根据图纸工件材质要求正确的选择加工板材	1	选择错误一项扣1分	
				根据图纸工件厚度要求正确的选择加工板材	1	选择错误一项扣1分	
	工艺准备		能进行常用单位的换算	将图纸中的毫米换算成米	1	换算错误扣1分	
			能对上工序来料尺寸进行测量	正确的选择量具对来料尺寸进行测量	0.5	选择错误扣0.5分	
				测量来料的长度、宽度、厚度	1.5	测量内容每项扣0.5分	
			能根据板材材质厚度确定剪切搭边量和切刀间隙	根据板材厚度说出切刀搭边量与板厚的关系	2	叙述错误扣2分	
				根据板厚说出切刀间隙与板厚的关系	2	叙述错误扣2分	
			能确定剪板机的加工范围和加工能力	根据加工材质不同叙述考核所用剪板机的加工能力	2	每项扣0.5分，最多扣2分	
			能进行板材质量计算	写出计算板材质量的计算公式	1	计算公式写错扣1分	
				根据图纸工件尺寸及材质计算工件的质量	1	计算错误扣1分	

续上表

鉴定项目类别	鉴定项目名称	国家职业标准规定比重(%)	《框架》中鉴定要素名称	本命题中具体鉴定要素分解	配分	评分标准	考核难点说明
"E"	切刀间隙调整与测量	5	能用塞尺测量剪板机的切刀间隙	用塞尺测量剪板机的切刀间隙(选取四点)	2	每处测量错误扣0.5分	
			能根据板材材质、料厚调整切刀间隙	根据板厚调整剪切间隙(按照四种不同厚度调整)	2	每种调整错误扣0.5分	
			能说出塞尺的使用方法	熟悉塞尺的使用方法	1	叙述错误扣1分	
	工件制造	65	能识别板料轧制纤维方向	在板料上标出轧制纤维方向	5	标示错误扣5分	
			能根据图样尺寸调整剪板机定位装置,并将工件定位	根据剪切尺寸调整定位档	10	调整错误扣10分	
			能根据板材外形尺寸、轧制方向确定剪切顺序,并进行套裁下料	根据图纸要求,确定板料剪切顺序,并剪切下料	10	剪切顺序确定错误扣10分	
			能以剪切边为基准,完成矩形零件的剪切,并达到以下要求: (1)外形尺寸公差等级IT17 (2)对角线尺寸公差等级IT15	剪切毛刺高度≤1 mm	6	每超差0.5 mm扣3分最多扣6分	
				尺寸306满足图纸要求,尺寸280满足公差等级IT17要求	18	每超差1 mm扣2分,最多扣15分	
				正确选择定位基准	5	选择错误扣5分	
				对角线公差满足公差等级IT15要求	6	每超差0.5 mm扣3分最多扣6分	
			能正确的填写物流标记	按照企业自身要求填写物流标记	5	每项扣1分,最多扣5分	
"F"	设备维护与保养	15	能进行剪板机润滑及常规维护保养	对剪板机的润滑部位进行润滑	3	错误一项扣1分,最多扣3分	
				清理设备及周边场地	2	清理不合格扣2分	
	工件检测		能用游标卡尺、卡卷尺、钢直尺测量工件长度	正确使用卡卷尺测量工件长度	2	使用不正确扣2分	
			能使用90°角尺测量工件直角	正确选择基准边测量工件直角	2	基准边选择错误扣2分	
			能用游标卡尺测量板厚及毛刺高度	正确测量板材的厚度	1.5	测量部正确扣1.5分	
				正确测量毛刺高度	1.5	测量部正确扣1.5分	
			能识别常用板材表面质量缺陷	说出剪板机剪切板料时出现的质量缺陷	3	每项扣1分,最多扣3分	
质量、安全、工艺纪律、文明生产等综合考核项目				考核时限	不限	超时停止操作	
				工艺纪律	不限	依据企业有关工艺纪律管理规定执行,每违反一次扣10分	

续上表

鉴定项目类别	鉴定项目名称	国家职业标准规定比重(%)	《框架》中鉴定要素名称	本命题中具体鉴定要素分解	配分	评分标准	考核难点说明
质量、安全、工艺纪律、文明生产等综合考核项目				劳动保护	不限	依据企业有关劳动保护管理规定执行,每违反一次扣10分	
				文明生产	不限	依据企业有关文明生产管理规定执行,每违反一次扣10分	
				安全生产	不限	依据企业有关安全生产管理规定执行,每违反一次扣10分,有重大安全事故,取消成绩	

剪切工(中级工)技能操作考核框架

一、框架说明

1. 依据《国家职业标准》注,以及中国北车确定的“岗位个性服从于职业共性”的原则,提出剪切工(中级工)技能操作考核框架(以下简称:技能考核框架)。

2. 本职业等级技能操作考核评分采用百分制。即:满分为 100 分,60 分为及格,低于 60 分为不及格。

3. 实施“技能考核框架”时,考核制件(活动)命题可以选用本企业的加工件(活动项目),也可以结合实际另外组织命题。

4. 实施“技能考核框架”时,考核的时间和场地条件等应依据《国家职业标准》,并结合企业实际确定。

5. 实施“技能考核框架”时,其“职业功能”的分类按以下要求确定:

(1)按照《国家职业标准》有关技能操作工作要求和鉴定比重要求,本职业等级技能操作考核时,应从“板料剪切”及“卷料开卷”二者中任选其一进行考核。

(2)对应“板料剪切”及“卷料开卷”,“加工操作”属于本职业等级技能操作的核心职业活动,其“项目代码”为“E”。

(3)对应“板料剪切”及“卷料开卷”,“加工准备”、“工后处理”属于本职业等级技能操作的辅助性活动,其“项目代码”分别为“D”和“F”。

6. 实施“技能考核框架”时,其“鉴定项目”和“选考数量”按以下要求确定:

(1)按照《国家职业标准》有关技能操作鉴定比重的要求,本职业等级技能操作考核制件的“鉴定项目”应按“D”+“E”+“F”组合,其考核配分比例相应为:“板料剪切”中“D”占 20 分,“E”占 60 分,“F”占 20 分;“卷料开卷”中“D”占 15 分,“E”占 65 分,“F”占 20 分。

(2)依据中国北车确定的“核心职业活动选取 2/3,并向上取整”的规定,在“板料剪切”中的“E”类鉴定项目——“加工操作”的全部 1 项中,至少选取 1 项;在“卷料开卷”中的“E”类鉴定项目——“加工操作”的全部 2 项中,至少选取 2 项。

(3)依据中国北车确定的“其余‘鉴定项目’的数量可以任选”的规定,在“板料剪切”中的“D”和“F”类鉴定项目——“加工准备”、“工后处理”中,至少分别选取 1 项;在“卷料开卷”中的“D”和“F”类鉴定项目——“加工准备”、“工后处理”中,至少分别选取 1 项。

(4)依据中国北车确定的“确定‘选考数量’时,所涉及‘鉴定要素’的数量占比,应不低于对应‘鉴定项目’范围内‘鉴定要素’总数的 60%,并向上取整”的规定,考核制件的鉴定要素“选考数量”应按以下要求确定:

①在板料剪切和卷料开卷“D”类“鉴定项目”中,在已选定的至少 1 个鉴定项目中,至少选取已选鉴定项目所对应的全部鉴定要素的 60%项,并向上保留整数。

②在板料剪切和卷料开卷“E”类“鉴定项目”中,在已选定的 1 个鉴定项目所包含的全部

鉴定要素中,至少选取总数的60%项,并向上保留整数。

③在板料剪切和卷料开卷"F"类"鉴定项目"中,在已选定的至少1个鉴定项目中,至少选取已选鉴定项目所对应的全部鉴定要素的60%项,并向上保留整数。

举例分析:

按照上述"第5条"、"第6条"要求,若技能操作考核时,选取"板料剪切"进行考核,命题时按最少数量选取,即:在"板料剪切"中的"D"类鉴定项目选取了"读图与绘图"等1项,在"E"类鉴定项目中选取了"工件制造"1项,在"F"类鉴定项目中选取了"设备维护与保养"等1项,则:

此考核制件所涉及的"鉴定项目"总数为3项,具体包括:"读图","工件制造","设备维护与保养";

此考核制件所涉及的鉴定要素"选考数量"相应为8项,具体包括:"读图"鉴定项目包含的全部3个鉴定要素中的2项,"工件制造"鉴定项目包含的全部4个鉴定要素中的3项,"设备维护与保养"鉴定项目包含的全部4个鉴定要素中的3项。

7. 本职业等级技能操作需要两人及以上共同作业的,可由鉴定组织机构根据"必要、辅助"的原则,结合实际情况确定协助人员的数量。在整个操作过程中,协助人员只能起必要、简单的辅助作用。否则,每违反一次,至少扣减应考者的技能考核总成绩10分,直至取消其考试资格。

8. 实施"技能考核框架"时,应同时对应考者在质量、安全、工艺纪律、文明生产等方面行为进行考核。对于在技能操作考核过程中出现的违章作业现象,每违反一项(次)至少扣减技能考核总成绩10分,直至取消其考试资格。

注:按照中国北车规定,各《职业技能操作考核框架》的编制依据现行的《国家职业标准》或现行的《行业职业标准》或现行的《中国北车职业标准》的顺序执行。

二、剪切工(中级工)技能操作鉴定要素细目表

(一)板料剪切

职业功能	鉴定项目				鉴定要素		
	项目代码	名称	鉴定比重(%)	选考方式	要素代码	名称	重要程度
加工准备	D	读图与绘图	20	任选	001	能读懂板材放样展开图的工作图	X
					002	能绘制下料图样、平面零件排样工作图	X
					003	能读懂常用板材技术条件及允许偏差标准	X
		工艺准备			001	能制定板料剪切加工工艺规程	X
					002	能计算板材剪切力	Y
					003	能编制展开零件剪切顺序	X
					004	能用砂轮磨削火花的方法鉴别常用钢材材质	X
		切刀选择与调整			001	能根据剪切材质选择剪刃材质	X
					002	能选择剪刃的几何参数	X
					003	能掌握剪板机切刀的调整方法	X
					004	能说出常用剪刃材质名称	X
					005	能拆装剪机剪刃	X
					006	能识别剪刃刃口缺陷	Y

续上表

职业功能	鉴定项目				鉴定要素		
	项目代码	名称	鉴定比重(%)	选考方式	要素代码	名称	重要程度
加工操作	E	工件制造	60	必选	001	能按照样板在板料上划下料线,并按下料线进行剪切	X
					002	能剪切矩形斜角板料(三角形、梯形、多边形),并达到以下要求: (1)外形尺寸公差等级 IT17 (2)对角线尺寸公差等级 IT14	X
					003	能进行定尺剪切	X
					004	能进行套切操作	X
工后处理	F	设备维护与保养	20	任选	001	能安装使用剪板机定位装置	X
					002	能根据加工需要对剪板机进行调整	X
					003	能在加工前对剪板机进行常规检查	X
					004	能及时发现剪板机常见故障	X
		工件检测及误差分析			001	能使用游标高度尺测量高度	X
					002	能使用千分尺测量料厚及毛刺高度	X
					003	能使用万能角度尺测量角度	X
					004	能分析切刀间隙对板材剪切断面质量的影响	X
					005	能分析剪切扭曲产生的原因,并提出解决措施	Y
					006	能分析剪切毛刺产生的原因,并提出解决措施	X

(二)卷料开卷

职业功能	鉴定项目				鉴定要素		
	项目代码	名称	鉴定比重(%)	选考方式	要素代码	名称	重要程度
加工准备	D	读图与绘图	15	任选	001	能读懂板料放样展开零件的工作图	X
					002	能绘制下料图样工作图	X
					003	能读懂常用板材技术条件及允许偏差标准	X
		工艺准备			001	能制定开卷、校平、剪切加工工艺规程	X
					002	能计算板材剪切力	X
					003	能用砂轮磨削火花的方法鉴别常用钢材材质	X
加工操作	E	校辊、切刀间隙调整和测量	5	必选	001	能安装横剪、纵剪切刀	X
					002	能根据加工需求对数控开卷线校平辊和切刀间隙进行调整	X
		工件制造	60		001	能将卷料按照旋转方向要求吊装上卷车	X
					002	能将卷料送至开卷机主轴并将料头放入校平辊	X
					003	能解决板料跑斜的问题	X
					004	能根据料厚调整校平辊	X
					005	能控制定尺剪切	X
					006	能调整堆料架	X

续上表

职业功能	鉴定项目				鉴定要素		
	项目代码	名称	鉴定比重（%）	选考方式	要素代码	名称	重要程度
工后处理	F	设备维护与保养	20	任选	001	能在加工前对数控开卷线进行常规检查	X
					002	能及时发现数控开卷线常见故障	X
					003	能对数控开卷线进行常规维护保养	X
		工件检测及误差分析			001	能使用千分尺测量料厚和毛刺高度	X
					002	能分析剪切间隙对板料剪切断面的质量影响	Y
					003	能分析剪切毛刺产生的原因并提出解决措施	X
					004	能分析板料校平过程中平面翘曲产生的原因并提出解决措施	X

剪切工(中级工)技能
操作考核样题与分析

职 业 名 称：____________________
考 核 等 级：____________________
存 档 编 号：____________________
考核站名称：____________________
鉴定责任人：____________________
命题责任人：____________________
主管负责人：____________________

中国北车股份有限公司劳动工资部制

职业技能鉴定技能操作考核制件图示或内容

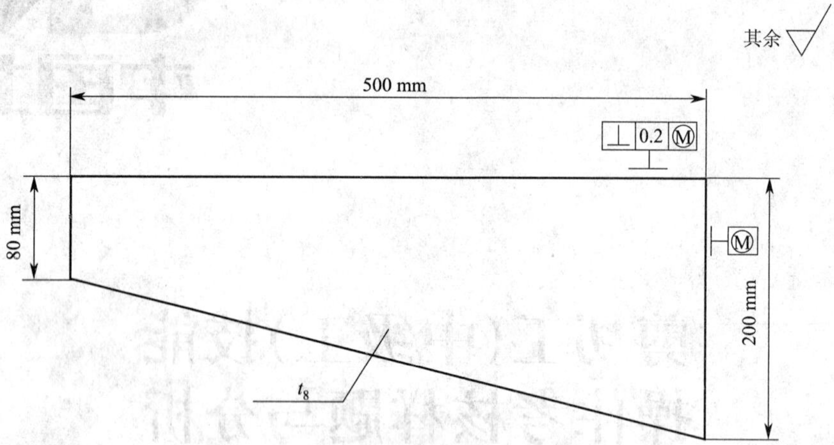

技术要求：

1. 根据剪切工《国家职业标准》制定；
2. 根据图纸工件尺寸在 8 mm×1 120 mm×780 mm 板料上画出合理排样；
3. 留有足够的安全余量。

考试规则：

1. 每违反一次工艺纪律、安全操作、劳动保护等扣除 10 分。
2. 有重大安全事故、考试作弊者取消其考试资格。

职业名称	剪切工
考核等级	中级工
试题名称	补强板剪切
材质等信息	Q450NQR1

职业技能鉴定技能操作考核准备单

职业名称	剪切工
考核等级	中级工
试题名称	补强板剪切

一、材料准备

材料规格:满足考核制件要求即可,尺寸如上图所示。

二、设备、工、量、卡具准备清单

序号	名称	规格	数量	备注
1	设备	由考核者确定	1	
2	工具	根据考核图样和设备规格及加工方法,由被考核者自行准备		由考核者自备
3	量具	钢卷尺、游标卡尺、钢板尺、直角尺、塞尺等		由考核者自备
4	石笔			由考核者自备

三、考场准备

1. 相应的公用设备、设备与器具的润滑与冷却等;
2. 相应的场地及安全防范措施;
3. 其他准备。

四、考核内容及要求

1. 考核内容(按考核制件图示及要求制作)
2. 考核时限:210 min
3. 考试过程中出现违反质量、安全、工艺纪律、文明生产等现象,每违反一项(次)至少扣减技能考核总成绩10分,直到取消其考试资格。
4. 考核评分(表)

职业名称	剪切工		考核等级	中级工	
试题名称	补强板剪切		考核时限	210 min	
鉴定项目	考核内容	配分	评分标准	扣分说明	得分
读图与绘图	根据图纸说出所加工工件有哪些技术要求	2	每项扣0.5分,最多扣2分		
	根据加工零件尺寸,在给定的荒料上画出合理的排样图	3	排样错误扣3分		
工艺准备	写出剪切力计算公式	2	公式错误扣2分		
	根据图纸工件计算出剪切时所需的剪切力	2	结果错误扣2分		
	根据图纸工件要求制定剪切加工顺序	3	错误扣3分		
	根据机床实际情况制定剪切加工工艺规程	3	每项扣0.5分,最多扣3分		

续上表

鉴定项目	考核内容	配分	评分标准	扣分说明	得分
切刀间隙调整与测量	叙述剪板机切刀安装后的调整方法	2	错误扣2分		
	说出两种常用切刀材质名称	1	每项扣0.5分		
	叙述剪板机切刀的安装方法	2	错误扣2分		
工件制造	叙述按样板在板料上划下料线的方法,并正确操作	10	叙述错误扣5分,操作错误扣5分		
	叙述按下料线剪切板料的方法,并正确操作	10	叙述错误扣5分,操作错误扣5分		
	按排样图,按正确的剪切顺序套裁剪切工件	5	剪切顺序不合理扣5分		
	剪切毛刺高度≤1 mm	6	每超差0.5 mm扣3分最多扣6分		
	尺寸80、200、500满足公差等级IT17要求	18	每超差1 mm扣2分,最多扣15分		
	正确选择定位基准	5	选择错误扣5分		
	对角线公差满足公差等级IT15要求	6	每超差0.5 mm扣2分最多扣6分		
设备维护与保养	叙述剪板机定位装置的安装方法	2	叙述错误扣2分		
	叙述剪板机定位装置的调整方法	2	叙述错误扣2分		
	按要求对剪板机进行常规检查	4	每项扣1分,最多扣4分		
	叙述剪板机常见故障有哪些	2	每项扣0.5分,最多扣2分		
工件检测及误差分析	叙述切刀间隙对剪切断面质量的影响因素有哪些	2	每项扣0.5分,最多扣2分		
	叙述剪切扭曲产生的原因	2	每项扣0.5分,最多扣2分		
	避免产生剪切扭曲解决措施有哪些	2	每项扣0.5分,最多扣2分		
	叙述剪切毛刺产生的原因有哪些	2	每项扣0.5分,最多扣2分		
	避免产生毛刺的解决措施有哪些	2	每项扣0.5分,最多扣2分		
质量、安全、工艺纪律、文明生产等综合考核项目	考核时限	不限	超时停止操作		
	工艺纪律	不限	依据企业有关工艺纪律管理规定执行,每违反一次扣10分		
	劳动保护	不限	依据企业有关劳动保护管理规定执行,每违反一次扣10分		
	文明生产	不限	依据企业有关文明生产管理规定执行,每违反一次扣10分		
	安全生产	不限	依据企业有关安全生产管理规定执行,每违反一次扣10分,有重大安全事故,取消成绩		

职业技能鉴定技能考核制件(内容)分析

职业名称	剪切工				
考核等级	中级工				
试题名称	补强板剪切				
职业标准依据	国家职业标准				
试题中鉴定项目及鉴定要素的分析与确定					
鉴定项目分类 / 分析事项	基本技能“D”	专业技能“E”	相关技能“F”	合计	数量与占比说明
鉴定项目总数	3	1	2	6	核心职业活动占比大于2/3
选取的鉴定项目数量	3	1	2	6	
选取的鉴定项目数量占比(%)	100	100	100	100	
对应选取鉴定项目所包含的鉴定要素总数	13	4	10	27	鉴定要素数量占比大于60%
选取的鉴定要素数量	8	3	6	17	
选取的鉴定要素数量占比(%)	61.5	75	60	63	

所选取鉴定项目及相应鉴定要素分解与说明

鉴定项目类别	鉴定项目名称	国家职业标准规定比重(%)	《框架》中鉴定要素名称	本命题中具体鉴定要素分解	配分	评分标准	考核难点说明
“D”	读图与绘图	20	能读懂板材放样展开图的工作图	根据图纸说出所加工工件有哪些技术要求	2	每项扣0.5分,最多扣2分	
			能绘制下料图样、平面零件排样工作图	根据加工零件尺寸,在给定的荒料上画出合理的排样图	3	排样错误扣3分	
	工艺准备		能计算板材剪切力	写出剪切力计算公式	2	公式错误扣2分	
				根据图纸工件计算出剪切时所需的剪切力	2	结果错误扣2分	
	切刀间隙调整与测量		能编制展开零件剪切顺序	根据图纸工件要求制定剪切加工顺序	3	错误扣3分	
			能制定板料剪切加工工艺规程	根据机床实际情况制定剪切加工工艺规程	3	每项扣0.5分,最多扣3分	
			能掌握剪板机切刀的调整方法	叙述剪板机切刀安装后的调整方法	2	错误扣2分	
			能说出常用剪刃材质名称	说出两种常用切刀材质名称	1	每项扣0.5分	
			能拆装剪机剪刃	叙述剪板机切刀的安装方法	2	错误扣2分	
“E”	工件制造	60	能按照样板在板料上划下料线,并按下料线进行剪切	叙述按样板在板料上划下料线的方法,并正确操作	10	叙述错误扣5分,操作错误扣5分	
				叙述按下料线剪切板料的方法,并正确操作	10	叙述错误扣5分,操作错误扣5分	
			能进行套裁操作	按排样图,按正确的剪切顺序套裁剪切工件	5	剪切顺序不合理扣5分	

续上表

鉴定项目类别	鉴定项目名称	国家职业标准规定比重(%)	《框架》中鉴定要素名称	本命题中具体鉴定要素分解	配分	评分标准	考核难点说明
"E"	工件制造		能剪切矩形斜角板料(三角形、梯形、多边形),并达到以下要求:(1)外形尺寸公差等级IT17 (2)对角线尺寸公差等级IT14	剪切毛刺高度≤1 mm	6	每超差0.5 mm扣3分最多扣6分	
				尺寸80、200、500满足公差等级IT17要求	18	每超差1 mm扣2分,最多扣15分	
				正确选择定位基准	5	选择错误扣5分	
				对角线公差满足公差等级IT15要求	6	每超差0.5 mm扣2分最多扣6分	
"F"	设备维护与保养	20	能安装使用剪板机定位装置	叙述剪板机定位装置的安装方法	2	叙述错误扣2分	
				叙述剪板机定位装置的调整方法	2	叙述错误扣2分	
			能在加工前对剪板机进行常规检查	按要求对剪板机进行常规检查	4	每项扣1分,最多扣4分	
			能及时发现剪板机常见故障	叙述剪板机常见故障有哪些	2	每项扣0.5分,最多扣2分	
	工件检测及误差分析		能分析切刀间隙对板材剪切断面质量的影响	叙述切刀间隙对剪切断面质量的影响因素有哪些	2	每项扣0.5分,最多扣2分	
			能分析剪切扭曲产生的原因,并提出解决措施	叙述剪切扭曲产生的原因	2	每项扣0.5分,最多扣2分	
				避免产生剪切扭曲解决措施有哪些	2	每项扣0.5分,最多扣2分	
			能分析剪切毛刺产生的原因,并提出解决措施	叙述剪切毛刺产生的原因有哪些	2	每项扣0.5分,最多扣2分	
				避免产生毛刺的解决措施有哪些	2	每项扣0.5分,最多扣2分	
质量、安全、工艺纪律、文明生产等综合考核项目				考核时限	不限	超时停止操作	
				工艺纪律	不限	依据企业有关工艺纪律管理规定执行,每违反一次扣10分	
				劳动保护	不限	依据企业有关劳动保护管理规定执行,每违反一次扣10分	
				文明生产	不限	依据企业有关文明生产管理规定执行,每违反一次扣10分	
				安全生产	不限	依据企业有关安全生产管理规定执行,每违反一次扣10分,有重大安全事故,取消成绩	

剪切工(高级工)技能操作考核框架

一、框架说明

1. 依据《国家职业标准》注，以及中国北车确定的“岗位个性服从于职业共性”的原则，提出剪切工(高级工)技能操作考核框架(以下简称:技能考核框架)。

2. 本职业等级技能操作考核评分采用百分制。即:满分为 100 分，60 分为及格，低于 60 分为不及格。

3. 实施“技能考核框架”时，考核制件(活动)命题可以选用本企业的加工件(活动项目)，也可以结合实际另外组织命题。

4. 实施“技能考核框架”时，考核的时间和场地条件等应依据《国家职业标准》，并结合企业实际确定。

5. 实施“技能考核框架”时，其“职业功能”的分类按以下要求确定:

(1)按照《国家职业标准》有关技能操作工作要求和鉴定比重要求，本职业等级技能操作考核时，应从“板料剪切”及“卷料开卷”二者中任选其一进行考核。

(2)对应“板料剪切”及“卷料开卷”，“加工操作”属于本职业等级技能操作的核心职业活动，其“项目代码”为“E”。

(3)对应“板料剪切”及“卷料开卷”，“加工准备”、“工后处理”属于本职业等级技能操作的辅助性活动，其“项目代码”分别为“D”和“F”。

6. 实施“技能考核框架”时，其“鉴定项目”和“选考数量”按以下要求确定:

(1)按照《国家职业标准》有关技能操作鉴定比重的要求，本职业等级技能操作考核制件的“鉴定项目”应按“D”+“E”+“F”组合，其考核配分比例相应为:“板料剪切”中“D”占 20 分，“E”占 55 分，“F”占 25 分;“卷料开卷”中“D”占 20 分，“E”占 55 分，“F”占 25 分。

(2)依据中国北车确定的“核心职业活动选取 2/3，并向上取整”的规定，在“板料剪切”中的“E”类鉴定项目——“加工操作”的全部 1 项中，至少选取 1 项;在“卷料开卷”中的“E”类鉴定项目——“加工操作”的全部 1 项中，至少选取 1 项。

(3)依据中国北车确定的“其余‘鉴定项目’的数量可以任选”的规定，在“板料剪切”中的“D”和“F”类鉴定项目——“加工准备”、“工后处理”中，至少分别选取 1 项;在“卷料开卷”中的“D”和“F”类鉴定项目——“加工准备”、“工后处理”中，至少分别选取 1 项。

(4)依据中国北车确定的“确定‘选考数量’时，所涉及‘鉴定要素’的数量占比，应不低于对应‘鉴定项目’范围内‘鉴定要素’总数的 60%，并向上取整”的规定，考核制件的鉴定要素“选考数量”应按以下要求确定:

①在板料剪切和卷料开卷“D”类“鉴定项目”中，在已选定的至少 1 个鉴定项目中，至少选取已选鉴定项目所对应的全部鉴定要素的 60%项，并向上保留整数。

②在板料剪切和卷料开卷“E”类“鉴定项目”中，在已选定的 1 个鉴定项目所包含的全部

鉴定要素中，至少选取总数的60%项，并向上保留整数。

③在板料剪切和卷料开卷“F”类“鉴定项目”中，在已选定的至少1个鉴定项目中，至少选取已选鉴定项目所对应的全部鉴定要素的60%项，并向上保留整数。

举例分析：

按照上述“第5条”、“第6条”要求，若技能操作考核时，选取“板料剪切”进行考核，命题时按最少数量选取，即：在“板料剪切”中的“D”类鉴定项目选取了“读图与绘图”等1项，在“E”类鉴定项目中选取了“工件制造”1项，在“F”类鉴定项目中选取了“设备维护与保养”等1项，则：

此考核制件所涉及的“鉴定项目”总数为3项，具体包括：“读图”，“工件制造”，“设备维护与保养”；

此考核制件所涉及的鉴定要素“选考数量”相应为7项，具体包括：“读图”鉴定项目包含的全部5个鉴定要素中的3项，“工件制造”鉴定项目包含的全部1个鉴定要素中的1项，“设备维护与保养”鉴定项目包含的全部4个鉴定要素中的3项。

7. 本职业等级技能操作需要两人及以上共同作业的，可由鉴定组织机构根据“必要、辅助”的原则，结合实际情况确定协助人员的数量。在整个操作过程中，协助人员只能起必要、简单的辅助作用。否则，每违反一次，至少扣减应考者的技能考核总成绩10分，直至取消其考试资格。

8. 实施“技能考核框架”时，应同时对应考者在质量、安全、工艺纪律、文明生产等方面行为进行考核。对于在技能操作考核过程中出现的违章作业现象，每违反一项（次）至少扣减技能考核总成绩10分，直至取消其考试资格。

注：按照中国北车规定，各《职业技能操作考核框架》的编制依据现行的《国家职业标准》或现行的《行业职业标准》或现行的《中国北车职业标准》的顺序执行。

二、剪切工（高级工）技能操作鉴定要素细目表

（一）板料剪切

职业功能	鉴定项目				鉴定要素		
	项目代码	名称	鉴定比重（%）	选考方式	要素代码	名　称	重要程度
加工准备	D	读图与绘图	20	任选	001	能读懂零件装配工作图	X
					002	能绘制等径三通、90°弯头等零件的展开图	X
					003	能根据实物绘制简单零件图	X
					004	能绘制简单零件的轴测图	X
					005	能读懂板料的抗剪强度、抗拉强度等力学性能	Y
		工艺准备			001	能进行弯曲零件展开料的计算	X
					002	能对剪切零件的加工工艺进行合理性分析并提出改进建议	X
					003	能用砂轮磨削火花的方法鉴别钢材材质	X
加工操作	E	工件制造	55	必选	001	能对各种规格板材按工艺或下料线进行剪切	X

续上表

职业功能	鉴定项目				鉴定要素		
	项目代码	名称	鉴定比重(%)	选考方式	要素代码	名称	重要程度
工后处理	F	设备维护与保养	25	任选	001	能检查剪板机几何精度及工作精度	X
					002	能分析并排除剪板机的常见液路、机械故障	X
					003	能根据设备运行的异常声响判断故障原因并提出解决方法	X
					004	能借助词典看懂进口设备相关外文标牌机使用规范	Y
		工件检测及误差分析			001	能根据加工精度选择测量量具进行测量	X
					002	能测量零件的平面度	X
					003	能根据测量结果，应用统计技术和控制图原理，分析剪切加工废品产生的原因，并能采取解决措施	X

(二)卷料开卷

职业功能	鉴定项目				鉴定要素		
	项目代码	名称	鉴定比重(%)	选考方式	要素代码	名称	重要程度
加工准备	D	读图与绘图	20	任选	001	能读懂零件装配工作图	X
					002	能绘制等径三通、90°弯头等零件的展开图	X
					003	能根据实物绘制零件图	X
					004	能绘制简单零件的轴测图	X
					005	能读懂板料的抗剪强度、抗拉强度等力学性能	X
		工艺准备			001	能对卷料开卷、校平、剪切加工工艺进行合理性分析，并提出改进意见。	X
					002	能用砂轮磨削火花的方法鉴别钢材材质	X
加工操作	E	工件制造	55	必选	001	能对数控开卷线、开卷、校平、剪切的加工程序进行加工参数的调整	X
					002	能检查加工程序中存在的不合理处，并能对程序进行优化处理	X
工后处理	F	设备维护与保养	25	任选	001	能检查数控开卷线几何精度、工作精度	X
					002	能分析并排除数控开卷线气路、液路、机械常见故障	X
					003	能根据加工过程中的异常现象，分析并排除数控开卷线故障	X
					004	能借助词典读懂进口设备标牌及使用规范	X
		工件检测及误差分析			001	能根据工件精度选择测量量具进行测量	X
					002	能测量零件的平面度	X
					003	能对校平、剪切产生的平面度、定尺误差提出改进措施	X

剪切工(高级工)技能
操作考核样题与分析

职 业 名 称：________________

考 核 等 级：________________

存 档 编 号：________________

考核站名称：________________

鉴定责任人：________________

命题责任人：________________

主管负责人：________________

中国北车股份有限公司劳动工资部制

职业技能鉴定技能操作考核制件图示或内容

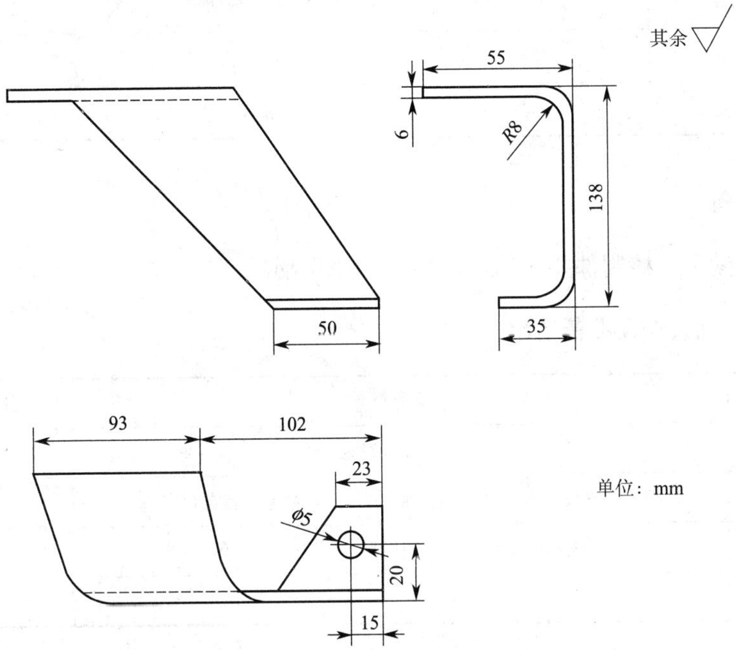

技术要求：

1. 根据剪切工《国家职业标准》制定；
2. 在荒料尺寸为厚度为 6 mm 的板料上套裁排样；
3. 排样后按排样图套切，要留有足够的安全余量。

考试规则：

1. 每违反一次工艺纪律、安全操作、劳动保护、文明生产等扣除 10 分。
2. 有重大安全事故、考试作弊者取消其考试资格。

职业名称	剪切工
考核等级	高级工
试题名称	拉簧支座剪切
材质等信息	09CuPCrNi-A

职业技能鉴定技能操作考核准备单

职业名称	剪切工
考核等级	高级工
试题名称	拉簧支座剪切

一、材料准备

材料规格：满足考核制件要求即可，尺寸如上图所示。

二、设备、工、量、卡具准备清单

序 号	名 称	规 格	数 量	备 注
1	设备	由考核者确定	1	
2	工具	根据考核图样和设备规格及加工方法，由被考核者自行准备		由考核者自备
3	量具	钢卷尺、游标卡尺、钢板尺、直角尺、塞尺等		由考核者自备
4	石笔			由考核者自备

三、考场准备

1. 相应的公用设备、设备与器具的润滑与冷却等；
2. 相应的场地及安全防范措施；
3. 其他准备。

四、考核内容及要求

1. 考核内容(按考核制件图示及要求制作)
2. 考核时限：240 min
3. 考试过程中出现违反质量、安全、工艺纪律、文明生产等现象，每违反一项(次)至少扣减技能考核总成绩10分，直到取消其考试资格。
4. 考核评分(表)

职业名称	剪切工		考核等级	高级工	
试题名称	拉簧支座剪切		考核时限	240 min	
鉴定项目	考核内容	配分	评分标准	扣分说明	得分
读图与绘图	根据图纸中工件三视图画出工件的展开图	2	视情况给分		
	根据现场实物绘制零件图	2	视情况给分		
	根据力学性能表说出材料的抗拉强度、抗剪强度	1	每项错误扣0.5分		
工艺准备	根据图纸工件三视图计算工件展开尺寸	10	每处尺寸错误扣2分		
	叙述砂轮磨削火花鉴别钢材材质的方法	3	错误扣3分		
	用砂轮磨削火花的方法鉴别两种常见钢材材质	2	每种错误扣1分		

续上表

鉴定项目	考核内容	配分	评分标准	扣分说明	得分
工件制造	在给定的板料上画出工件合理的排样图	10	叙述错误扣5分,操作错误扣5分		
	按排样图,按正确的剪切顺序套裁剪切工件	5	剪切顺序不合理扣5分		
	剪切毛刺高度≤0.5 mm	6	每超差0.5 mm扣3分最多扣6分		
	尺寸23、30、93、102、204满足相关标准要求	30	每超差1 mm扣2分,最多扣28分		
	正确选择定位基准	4	选择错误扣4分		
设备维护与保养	叙述剪板机几何精度的内容及方法	2.5	叙述错误扣2.5分		
	叙述剪板机工作精度的内容及方法	2.5	叙述错误扣2.5分		
	叙述剪板机常见液路故障有哪些	2.5	叙述错误扣2.5分		
	叙述剪板机常见机械故障有哪些	2.5	叙述错误扣2.5分		
工件检测及误差分析	叙述加工精度等级选择测量量具的方法	1.5	叙述错误扣1.5分		
	根据所加工工件正确选择量具	1.5	选择错误扣1.5分		
	正确选择测量零件平面度量具	3	选择错误扣3分		
	正确测量板料零件平面度	3	测量方法错误扣3分		
	叙述怎么减少剪切加工误差	3	每项扣0.5分,最多扣3分		
	针对剪切加工误差产生原因,制定解决措施	3	每项扣0.5分,最多扣3分		
质量、安全、工艺纪律、文明生产等综合考核项目	考核时限	不限	超时停止操作		
	工艺纪律	不限	依据企业有关工艺纪律管理规定执行,每违反一次扣10分		
	劳动保护	不限	依据企业有关劳动保护管理规定执行,每违反一次扣10分		
	文明生产	不限	依据企业有关文明生产管理规定执行,每违反一次扣10分		
	安全生产	不限	依据企业有关安全生产管理规定执行,每违反一次扣10分,有重大安全事故,取消成绩		

职业技能鉴定技能考核制件(内容)分析

职业名称	剪切工				
考核等级	高级工				
试题名称	拉簧支座剪切				
职业标准依据	国家职业标准				
试题中鉴定项目及鉴定要素的分析与确定					
分析事项 \ 鉴定项目分类	基本技能“D”	专业技能“E”	相关技能“F”	合计	数量与占比说明
鉴定项目总数	2	1	2	5	核心职业活动占比大于 2/3
选取的鉴定项目数量	2	1	2	5	
选取的鉴定项目数量占比(%)	100	100	100	100	
对应选取鉴定项目所包含的鉴定要素总数	8	1	7	16	鉴定要素数量占比大于 60%
选取的鉴定要素数量	5	1	5	11	
选取的鉴定要素数量占比(%)	62.5	100	71.4	68.8	

所选取鉴定项目及相应鉴定要素分解与说明

鉴定项目类别	鉴定项目名称	国家职业标准规定比重(%)	《框架》中鉴定要素名称	本命题中具体鉴定要素分解	配分	评分标准	考核难点说明
“D”	读图与绘图	20	能绘制等径三通、90°弯头等零件的展开图	根据图纸中工件三视图画出工件的展开图	2	视情况给分	
			能根据实物绘制简单零件图	根据现场实物绘制零件图	2	视情况给分	
			能读懂板料的抗剪强度、抗拉强度等力学性能	根据力学性能表说出材料的抗拉强度、抗剪强度	1	每项错误扣 0.5 分	
	工艺准备		能进行弯曲零件展开料的计算	根据图纸工件三视图计算工件展开尺寸	10	每处尺寸错误扣 2 分	
			能用砂轮磨削火花的方法鉴别钢材材质	叙述砂轮磨削火花鉴别钢材材质的方法	3	错误扣 3 分	
				用砂轮磨削火花的方法鉴别两种常见钢材材质	2	每种错误扣 1 分	
“E”	工件制造	55	能对各种规格板材按工艺或下料线进行剪切	在给定的板料上画出工件合理的排样图	10	叙述错误扣 5 分，操作错误扣 5 分	
				按排样图，按正确的剪切顺序套裁剪切工件	5	剪切顺序不合理扣 5 分	
				剪切毛刺高度≤0.5 mm	6	每超差 0.5 mm 扣 3 分最多扣 6 分	
				尺寸 23、30、93、102、204 满足相关标准要求	30	每超差 1 mm 扣 2 分，最多扣 28 分	
				正确选择定位基准	4	选择错误扣 4 分	

续上表

鉴定项目类别	鉴定项目名称	国家职业标准规定比重(%)	《框架》中鉴定要素名称	本命题中具体鉴定要素分解	配分	评分标准	考核难点说明
"F"	设备维护与保养	25	能检查剪板机几何精度及工作精度	叙述剪板机几何精度的内容及方法	2.5	叙述错误扣2.5分	
				叙述剪板机工作精度的内容及方法	2.5	叙述错误扣2.5分	
			能分析并排除剪板机的常见液路、机械故障	叙述剪板机常见液路故障有哪些	2.5	叙述错误扣2.5分	
				叙述剪板机常见机械故障有哪些	2.5	叙述错误扣2.5分	
	工件检测及误差分析		能根据加工精度选择测量量具进行测量	叙述加工精度等级选择测量量具的方法	1.5	叙述错误扣1.5分	
				根据所加工工件正确选择量具	1.5	选择错误扣1.5分	
			能测量零件的平面度	正确选择测量零件平面度量具	3	选择错误扣3分	
				正确测量板料零件平面度	3	测量方法错误扣3分	
			能根据测量结果,应用统计技术和控制图原理,分析剪切加工废品产生的原因,并能采取解决措施	叙述怎么减少剪切加工误差	3	每项扣0.5分,最多扣3分	
				针对剪切加工误差产生原因,制定解决措施	3	每项扣0.5分,最多扣3分	
质量、安全、工艺纪律、文明生产等综合考核项目				考核时限	不限	超时停止操作	
				工艺纪律	不限	依据企业有关工艺纪律管理规定执行,每违反一次扣10分	
				劳动保护	不限	依据企业有关劳动保护管理规定执行,每违反一次扣10分	
				文明生产	不限	依据企业有关文明生产管理规定执行,每违反一次扣10分	
				安全生产	不限	依据企业有关安全生产管理规定执行,每违反一次扣10分,有重大安全事故,取消成绩	

参 考 文 献

[1] 魏乐欣.冲压工.石油工业出版社:2009.
[2] 卢清印.剪冲工.中国铁道出版社:2004.
[3] 朱兆华,张辉,江晨.冲压作业安全技术问答.化学工业出版社:2009.
[4] 王平,叶晓苇.冲压加工设备及自动化.华中科技大学出版社:2006.
[5] 顾迎新,张海渠.冲压工实际操作手册.辽宁科学技术出版社:2007.
[6] 李思冲,刁德昌.剪冲工.铁道部工业总局:1982.
[7] 鄂冰,李捷.冲压工工艺.中国劳动社会保障出版社:2009.
[8] 钟翔山.冲压工速成与提高.机械工业出版社:2010.